Steffen Kuhn

Entwurf und Bemessung eines Skelettbaus in Fertigteilbauweise

Steffen Kuhn

Entwurf und Bemessung eines Skelettbaus in Fertigteilbauweise

Statische Berechnung und Konstruktion

Lehrbuchverlag

Imprint

Cover image: www.ingimage.com

Publisher:
Der Lehrbuchverlag
is a trademark of
International Book Market Service Ltd., member of OmniScriptum Publishing Group
17 Meldrum Street, Beau Bassin 71504, Mauritius

Printed at: see last page
ISBN: 978-620-2-49075-7

Inhaltsverzeichnis

Allgemeine Vorbemerkung

1 Tragwerksbeschreibung

1. 1 Allgemeines

Zu entwerfen war ein Tragwerk für einen Skelettbau mit Zwischendecke und quadratischem Grundriss mit einem Stützenraster von 6m in Fertigteilbauweise. Als Dacheindeckung wurde Trapezblech gewählt, welches als Scheibe ausgebildet wird um als horizontal aussteifendes Bauteil zu wirken. Das Trapezblech (Pos.D01) liegt an den Enden (Achse 1 und 4) zum einen auf Randträgern (Pos. B02) und zum anderen auf den aussteifenden Wandscheiben (Pos. W02) auf. Die Randträger werden frei drehbar auf den Konsolen der Randstützen (Pos. S03) mit ausgeklinkten Trägerenden gelagert und somit als Einfeldträger ausgebildet. In den Achsen 2 und 3 liegt die Dacheindeckung auf Bindern auf, die auf dem Stützenkopf der Randstützen (Pos. S01) gelagert und als Einfeldträger mit 17,85m Spannweite ausgebildet werden. Die Zwischendecke (Pos. D02) wird mit Spannbetonhohldielen ausgeführt, welche als Einfeldträger auf den Deckenabfangbalken(Pos. B03) aufliegen. Das seitlichen Auflager bilden die Wandscheiben (Pos. W01) in den Achsen A und D. Umlaufend um die Decke wird aus konstruktiven Gründen ein Ortbeton-Ringanker gegossen. Dafür reichen Steckbügel aus den Deckenabfangbalken und Wandelementen heraus. Die Deckenabfangbalken werden, ebenfalls als Einfeldträger mit ausgeklinkten Trägerenden und 5,45m Spannweite auf den Konsolen der Innenstützen aufgelagert. Sämtliche Stützen werden mit angeformten Fundamenten ausgebildet. Während die äußeren Stützen mit einer Höhe von 7,22m über die gesamte Höhe des

Bauwerks gehen, werden die Innenstützen (Pos. S02) nur Geschosshoch mit einer Höhe von 3,4m ausgeführt. Die Stützen werden außerdem durch Gabelstapleranprall beansprucht.

1. 2 Konzept der Aussteifung

Die Aussteifung des Gebäudes erfolgt über vier symmetrisch, jeweils in der Mitte der äußeren Gebäudeachsen, angeordneten Wandscheiben, die mit der Dachscheibe aus Trapezblech schubfest verbunden sind. Alle vier Wandscheiben haben eine Länge von 5,65m. Durch die Scheibenwirkung des Trapezblechs werden horizontale Lasten, wie Windlasten,auf die Wandscheiben weitergeleitet.

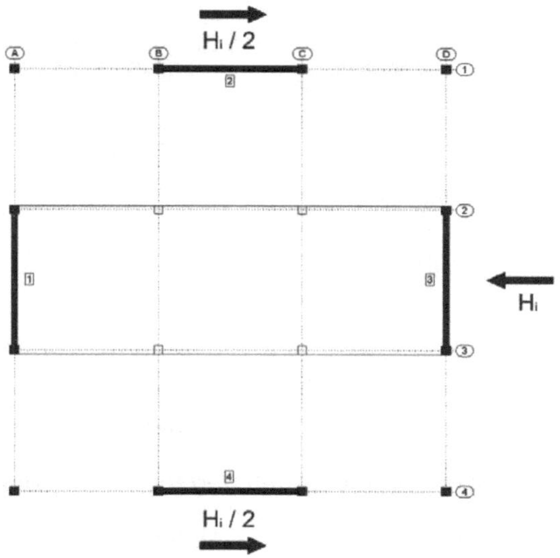

Somit wirkt, aufgrund der horizontalen Lasten, die auf das Gebäude einwirken, oder aus Lotabweichung, eine Querkraft parallel zur Wandachse auf die Wandscheiben ein. Da die Wandscheiben hier aus mehreren Wandelementen zusammengesetzt werden, ist auf die Schubkraftübertragung in den horizontalen Fugen zwischen den Wandelementen zu achten.

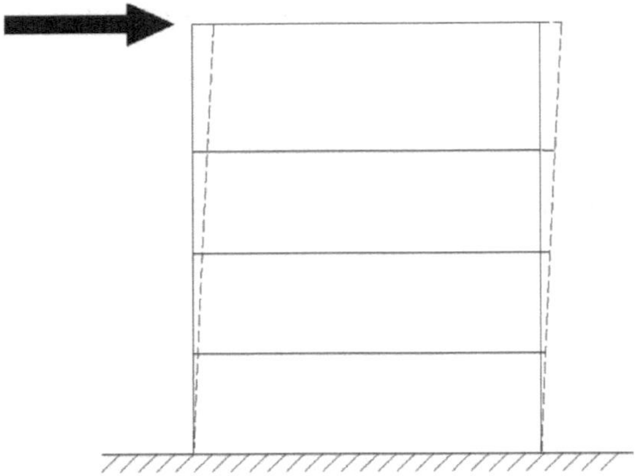

2 Baustoffe

Beton: C25/30, C30/37, C35/45 für Fertigteile

C20/25 für Ortbeton

Betonstahl: B500A, B500B

3 Transport

Alle verwendeten Bauteile werden im Fertigteilwerk hergestellt und haben somit besondere Transportanforderungen gegenüber Ortbetonbauteilen.
Für den Transport im Werk und auf der Baustelle sind Transportanker in den Bauteilen angeordnet worden. Damit können die Bauteile mithilfe eines Krans und einer Traverse sicher transportiert werden.
Für den Transport zwischen Werk und Baustelle sind für die Dachbinder

Zugmaschinen mit Nachläufer vorgesehen. Die Stützen, Randträger und Deckenabfangbalken werden mit Sattelzügen und die Wandelemente mit Innenladern zur Baustelle transportiert. Um Abdrücke oder Verfärbungen der Bauteile zu vermeiden, werden diese beim Transport auf Kunststoffnoppenplatten gelagert.

4 Montage

Die Montage der Bauteile auf der Baustelle wird mithilfe eines Turmdrehkrans und einer Traverse realisiert. Die vorgesehenen Transportanker sind zu verwenden. Der Montageablauf hat folgende Reihenfolge:

- Aushub des Baugrunds.
- Aufstellen der Stützen mit angeformten Fundamenten.
- Herstellung der Ortbeton-Bodenplatte.
- Aufstellen der Wände: (Pos. W02 vollständig, Pos. W01 nur die ersten zwei Elemente)

Die Wände werden aus mehreren Wandelementen zusammengesetzt, in dem die unten aus dem Wandelement herausstehenden Stäbe auf das nächste Wandelement gesteckt und mit geeignetem Vergussmaterial vergossen werden. Die Wände werden mit den vorgesehenen VS-System schubfest an die Stützen angeschlossen.

- Einbau der Deckenabfangbalken (Pos. B03) und Randträger (Pos. B02):

Die aus dem Deckenabfangbalken/ Randträger stehenden Stäbe im Auflagerbereich werden in die dafür vorgesehenen Aussparungen in den Konsolen Gesteckt und vergossen.

- Auflegen der Deckenplatten (Pos. D02) und Herstellung des Ortbeton-Ringankers.
- Montieren der letzten Wandelemente (Pos. W01)
- Einbau der Dachbinder (Pos. B01):

Die aus dem Binder stehenden Stäbe werden in die Aussparungen im Stützenkopf gesteckt und vergossen. Zur Kippsicherung wird der Binder mit einem U-Profil mit der Stützenkopfverlängerung verbunden.

- Montage des Trapezblechs:

Das Trapezblech wird mithilfe einer HTU-Schiene an den Bauteilen befestigt.

Alle Einbauteile wurden nach Herstellerangaben gewählt. Es wird an dieser Stelle auf die Produktdatenblätter der Hersteller (HALFEN, PFEIFER, PHILIPP, MÜLLER...) verwiesen.

5 Verwendete Normen

DIN EN 1991-1-1, EC1 (12-2010): (mit NA)	Allgemeine Einwirkungen auf Tragwerke-Wichten, Eigengewicht und Nutzlasten im Hochbau
DIN EN 1991-1-3, EC1 (12-2010): (mit NA)	Allgemeine Einwirkungen auf Tragwerke-Schneelasten
DIN EN 1991-1-4, EC1 (12-2010): (mit NA)	Allgemeine Einwirkungen auf Tragwerke-Windlasten
DIN EN 1991-1-7, EC1 (12-2010):	Allgemeine Einwirkungen auf Tragwerke-Außergewöhnliche Einwirkungen
DIN EN 1992-1-1, EC2 (01-2011): (mit NA)	Bemessung und Konstruktion von Stahlbeton- und Spannbetontragwerken - Teil 1-1: Allgemeine Bemessungsregeln für den Hochbau

Position D01: Trapezblech

Als Dacheindeckung wurde Trapezblech gewählt, welches als Scheibe ausgebildet wird um als horizontal aussteifendes Bauteil zu wirken. Über das Trapezblech werden die horizontalen Lasten in die Wandscheiben eingeleitet. Das Trapezblech wird in dieser Arbeit nicht genauer betrachtet und wird nach Schneider Bautabellen, Tafel 8.150 gewählt:

Trapezblech 126 / 326 mit t=1,25mm

Position D02: Spannbeton-Hohlplatte

Die Zwischendecke wird mit 15cm Spannbeton-Hohldielen ausgeführt, die werkmäßig hergestellt werden. Die Decke spannt als Einfeldträger mit 5,77m Spannweite über die Deckenabfangbalken (Pos. B03). Als seitliches Auflager dienen die Außenwände (Pos. W01). Es wird ein umlaufender Ringanker hergestellt. Dafür kragen aus den Deckenabfangbalken und Wänden Steckbügel heraus, um die Anschlussbewehrung der Decke zu verankern. Die Zwischendecke wird im Rahmen dieser Arbeit nicht näher betrachtet und wird mit dem Statikprogramm des Herstellers lediglich vorbemessen.
(siehe folgende Seiten)

CONSOLIS
DW SYSTEMBAU

DW SYSTEMBAU GMBH
Stockholmer Straße 1
29640 Schneverdingen

Fon +49(0) 5193 85 0

www.dw-systembau.de
info@dw-systembau.de

Statischer Nachweis für BRESPA®-Decken (Vorbemessung)

BV: Bachlor-Thesis - Position: Zwischendecke

Grundlagen

Statik erstellt nach DIN EN 1168, DIN EN 1992-1-1, DIN EN 1992-1-1/NA für Deutschland, DIN EN 13369, DIN EN 206-1 zusätzlich gelten folgende Merkblätter: Industrierichtlinie und Merkblatt „biegeweiche Auflagerung" vom Bundesverband Spannbeton-Fertigdecken

Vorbemerkungen:

Schnittkräfte im Bereich von Einzellasten, Linienlasten und Aussparungen:

Die mitwirkende Lastverteilungsbreite bei Spannbeton-Fertigdecken darf wie bei monolithischen Betonplatten gemäß DAfStb Heft 240 berechnet werden.

Torsion wird am freien Rand eines Deckenfeldes (vertikal und horizontal nicht unterstützt) berücksichtigt, indem b_{mg} auf max. 1,00 m reduziert wird.

Diagramme zur Ermittlung der Fugenquerkräfte bzw. der anteiligen Lasten benachbarter Platten in einem Deckenfeld für bestimmte Einzel- und Linienlaststellungen sind in DIN EN 1168, Anhang C (informativ) angegeben.

Die Breite von Aussparungen wird von der mitwirkenden Lastverteilungsbreite abgezogen.

Da es sich um eine Vorbemessung handelt, kann eine Überschreitung von bis zu 3 % der Ausnutzung toleriert werden.

Hinweis zur Querkraftbemessung:

Nach DIN EN 1168 muss bei biegeweicher Lagerung der abmindernde Einfluss auf die Querkrafttragfähigkeit berücksichtigt werden. Die genaue Berechnung ist im Merkblatt „Biegeweiche Auflagerung" des Bundesverbandes Spannbeton-Fertigdecken zu entnehmen. Dieser Nachweis ist zu führen, wenn die Ausnutzung der Querkraft nach DIN EN 1168 Abs. 4. 3.3.2.2.2 größer als 50% ist.

CONSOLIS
DW SYSTEMBAU

DW SYSTEMBAU GMBH
Stockholmer Straße 1
29640 Schneverdingen

Fon +49(0) 5193 85 0

www.dw-systembau.de
info@dw-systembau.de

BV: Bachlor-Thesis - Position: Zwischendecke

Systemmaße

Feld	Feldbreite	1.20	m	**Auflager**	A		B	
	Lichte Weite	5.65	m	Auflagertiefe	0.13	m	0.13	m
	Stützweite	5.77	m	Typ	StB-Träger 35/50 C25/30		StB-Träger 35/50 C25/30	
				E*I	57	MNm^2	57	MNm^2
				Breite Fuge	0.12	m	0.12	m
				Stützweite Momentennullpunkte	5.45	m	5.45	m

Einwirkungen

Kategorie	B - Büros				
Feld	Verkehrslast q_1:	2.00	kN/m^2		
	LW-Zuschlag q_2:	1.20	kN/m^2		
	Zus. Auflast g_1:			2.00	kN/m^2
	Eigenlast Decke g			2.69	kN/m^2
	Belastung q/g	3.20	kN/m^2	4.69	kN/m^2

Zusatzlasten

Lastart	Abstand	Länge	F_Q	F_G

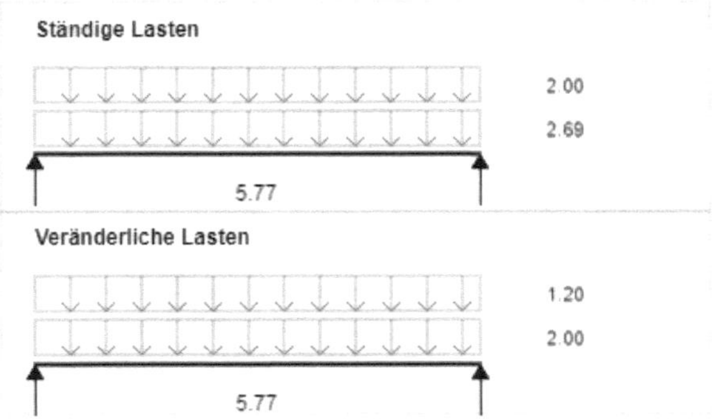

CONSOLIS
DW SYSTEMBAU

DW SYSTEMBAU GMBH
Stockholmer Straße 1
29640 Schneverdingen

Fon +49(0) 5193 85 0

www.dw-systembau.de
info@dw-systembau.de

BV: Bachlor-Thesis - Position: Zwischendecke

Teilsicherheitsbeiwerte	gamma q:	1.50	gamma g:	1.35
Kombinationsbeiwerte	phi_1	0.50	phi_2	0.30
Expositionsklasse	XC1			
Feuerwiderstandsklasse	F90			

Bemessung

Bewehrung A15B/S8D4-D6

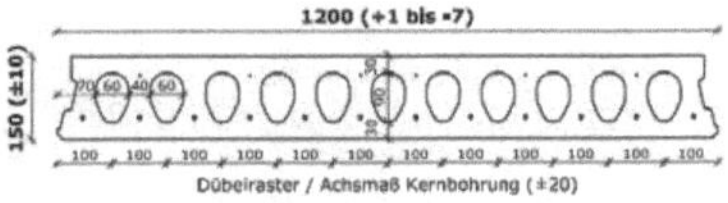

Passplattenbreiten [mm] (±25)
300; 400
500; 600
700; 800
900; 1000
1100
Kernbohrung max Ø 60 mm

Deckenart:	Standarddecke
Deckentyp:	A15B
Deckendicke:	15cm
az,oben(mm^2/m):	98.00
az,unten(mm^2/m):	412.00

Nachweis der Biegetragfähigkeit

Feldmoment M_{Ed} 46.32 kNm/m <= M_{Rd} 56.63 kNm/m = Ausnutzung 81.8%

Nachweis der Querkraftfähigkeit

Auflager A	$V_{Ed,ct1}$	32.11 kN/m	<=	$V_{Rd,ct1,bw}$	50.1 kN/m	=	Ausnutzung	64.1%
	$V_{Ed,fi}$	16.30 kN/m	<=	$V_{Rd,fi}$	29.92 kN/m	=	Ausnutzung	54.5%
	$V_{Ed,ct2}$	20.43 kN/m	<=	$V_{Rd,ct2}$	49.87 kN/m	=	Ausnutzung	41.0%

Unterstützung der Träger: Nein   Verbundsteigernde Massnahmen: Nein
Trägerposition: Mitte

Auflager B	$V_{Ed,ct1}$	32.11 kN/m	<=	$V_{Rd,ct1,bw}$	50.1 kN/m	=	Ausnutzung	64.1%
	$V_{Ed,fi}$	16.30 kN/m	<=	$V_{Rd,fi}$	29.92 kN/m	=	Ausnutzung	54.5%
	$V_{Ed,ct2}$	20.43 kN/m	<=	$V_{Rd,ct2}$	49.87 kN/m	=	Ausnutzung	41.0%

Unterstützung der Träger: Nein   Verbundsteigernde Massnahmen: Nein
Trägerposition: Mitte

Durchbiegung

vorhandene Durchbiegung (L/775) = 7.45 mm zul. Durchbiegung L/500 = 11.54 mm

Position B01: Dachbinder

Zu bemessen ist ein Fertigteil – Dachbinder, der werkmäßig hergestellt wird. Der Binder bildet den Hauptträger der Dachkonstruktion und wird als Parallelbinder ausgebildet. Der Achsabstand der benachbarten Binder beträgt 6,0m. Einfeldträger, frei drehbar gelagert auf Stützen mit einem bewehrten Elastomerlager. Vorwiegend ruhende Einwirkungen.

Baustoffe:

- Beton C35/45
- Betonstahl B500B (hochduktil)

1 System, Bauteilmaße, Betondeckung

1. 1 System

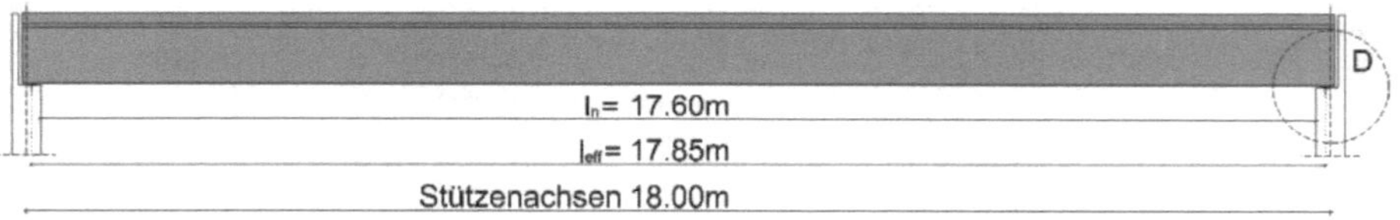

Querschnitt:

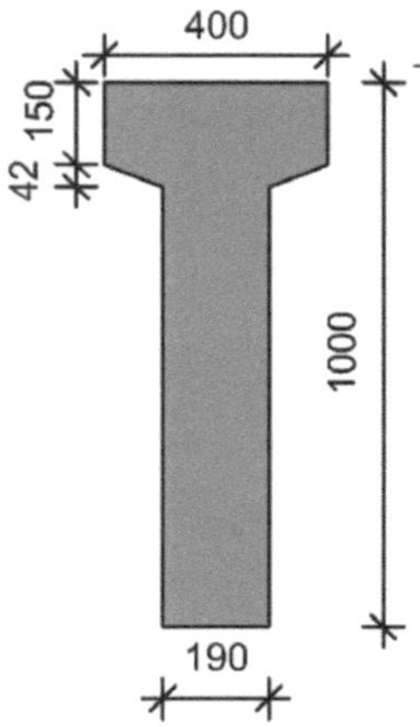

Detail D:

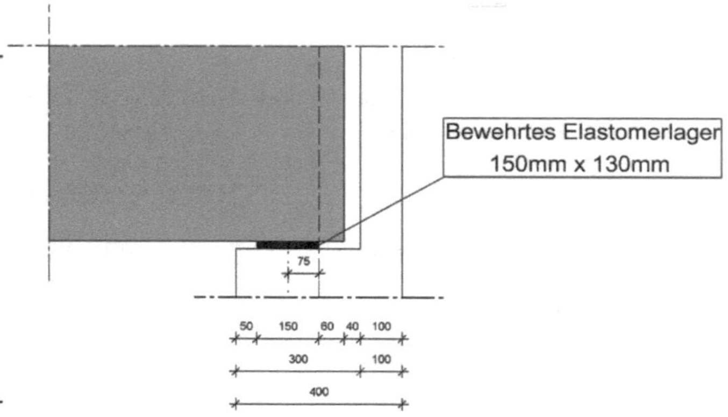

(Darstellung unmaßstäblich)

1. 2 Mindestfestigkeitsklasse, Betondeckung

Expositionsklasse für Bewehrungskorrosion

infolge Karbonatisierung: XC1

Mindestfestigkeitsklasse Beton: C16/20

Gewählt: C35/45 XC1

Betondeckung nach Kriterium der Dauerhaftigkeit:

Mindestbetondeckung	c_{min}	=	10mm
+ Vorhaltemaß	Δc_{dev}	=	10mm
= Nennmaß der Betondeckung	c_{nom}	=	20mm

Betondeckung nach Kriterium des Verbundes: $c_{min,b} \geq$ Stabdurchmesser $\geq$ 15mm

Längsbewehrung Ø25:	$c_{min,b}$ = 25mm	Δc_{dev} = 10mm	c_{nom} = 35mm
Längsbewehrung Ø16:	$c_{min,b}$ = 16mm	Δc_{dev} = 10mm	c_{nom} = 26mm
Bügel Ø8:	$c_{min,b}$ = 15mm	Δc_{dev} = 10mm	c_{nom} = 25mm

Daraus ergeben sich als Verlegemaße:

Längsbewehrung Ø25:	c_{min} = 25mm	Δc_{dev} = 10mm	$c_{V,l}$ = 35mm
Bügel Ø8:	$c_{Bü}$ = 35 - 8 = 27mm		$c_{V,Bü} \approx$ 25mm

2 Einwirkungen

2. 1 Charakteristische Werte

Bezeichnung der Einwirkung	Charakteristische Werte (kN/m)		
Ständig:			
-Stahlbetonträger:			
4,066m³ / 18m * 25kN/m³	$g_{k,1}$	=	5,65
-Dachkonstruktion:			
6m * (0,153kN/m² (Trapezblech) +			

1,5kN/m² (Kies, Bitumen, Dämmung, Dampfsperre))	$g_{k,2}$	=	9,92
Summe:	g_k	=	15,57
Veränderlich:			
-Schneelast:(Zone 1, 86m ü. NHN)			
0,65kN/m² * 0,8 * 6m	$q_{k,s}$	=	3,12
-Windlast:(Zone 1 (Binnenland), h ≤ 10m)			
Druck: 0,5kN/m² * 0,2 * 6m	$q_{k,w,D}$	=	0,6
(Sog: 0,5kN/m² * (-0,6) * 6m)	($q_{k,w,S}$	=	-1,8)

2. 2 Bemessungswerte in den Grenzzuständen der Tragfähigkeit

Teilsicherheitsbeiwerte in den Grenzzuständen der Tragfähigkeit:

Einwirkungen	Endzustand			Bauzustand Fertigteil		
- ständige	γ_G	=	1,35	γ_G	=	1,15
- veränderliche	γ_Q	=	1,5	γ_Q	=	1,15

Grundkombination: (Leiteinwirkung Schnee)

$g_d = g_k * \gamma_G = 15{,}57 * 1{,}35 = 21{,}02$ kN/m

$q_d = q_{k,s} * \gamma_Q + q_{k,w,D} * \gamma_Q * \psi_{0,w} = 3{,}12 * 1{,}5 + 0{,}6 * 1{,}5 * 0{,}6 = 5{,}22$ kN/m

Bauzustand – Transport des Fertigteils:

$g_{d,1} = g_{k,1} * \gamma_G = 5{,}65 * 1{,}15 = 6{,}498$ kN/m

2. 3 Repräsentative Werte in den Grenzzuständen der Gebrauchstauglichkeit

Kombinationsbeiwerte für veränderliche Einwirkungen:

Einwirkungskombination	Schneelast		Windlast	
- selten	$\psi_{0,s}$ =	0,5	$\psi_{0,w}$ =	0,6
- häufig	$\psi_{1,s}$ =	0,2	$\psi_{1,w}$ =	0,2
- quasi-ständig	$\psi_{2,s}$ =	0	$\psi_{2,w}$ =	0

Quasi-ständige Einwirkungskombination: (für Rissbreiten und Verformung)

$e_{perm} =$ $g_k + \psi_{2,s} * q_{k,s} + \psi_{2,w} * q_{k,w,D}$ $= 15{,}57 + 0 + 0$ $=$ 15,57 kN/m

3 Schnittgrößenermittlung

3. 1 Grenzzustände der Tragfähigkeit

3. 1. 1 Bauzustand - Transport

Der Binder wird mit einer Traverse verlegt. Aufhängepunkte in 2m Abstand zum Binderende.

Belastung: Eigenlast $g_{d,1}$ = 6,498 kN/m

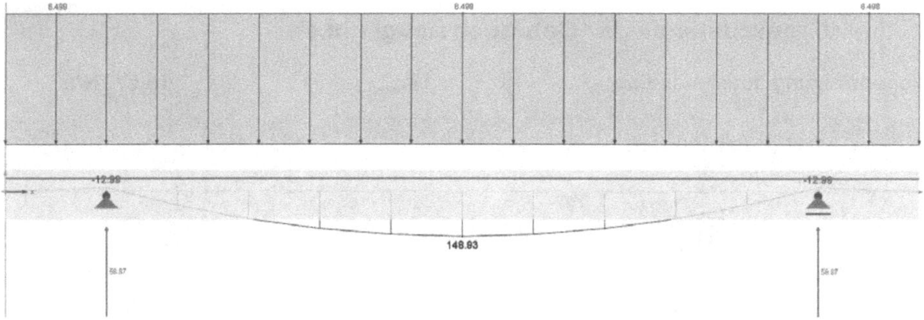

Stützmoment: $M_{Ed,S}$ = -12,99 kNm

Feldmoment: $M_{Ed,F}$ = 148,93 kNm

3. 1. 2 Endzustand

Belastung: g_d = 21,02 kN/m

q_d = 5,22 kN/m

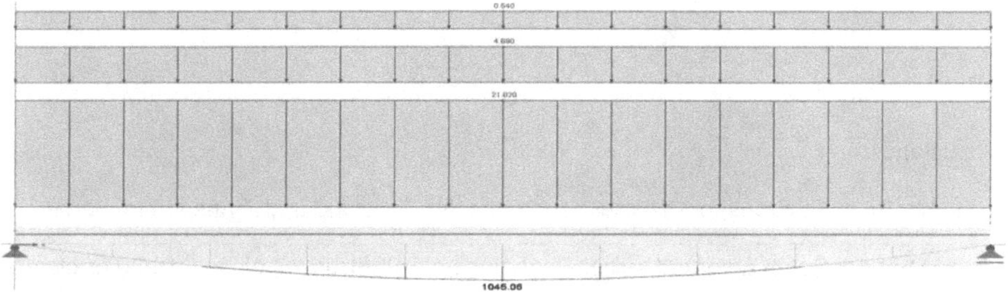

Maximales Biegemoment in Feldmitte: $M_{Ed,F}$ = 1045,06 kNm

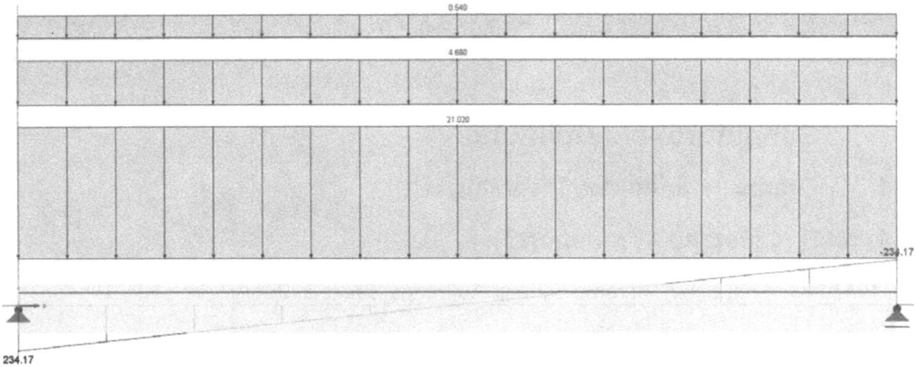

Maximale Querkraft im Auflager: V_{Ed} = ±234,17 kN

3. 2 Grenzzustände der Gebrauchstauglichkeit

Biegebelastung quasi-ständig: e_{perm} = 15,57 kN/m

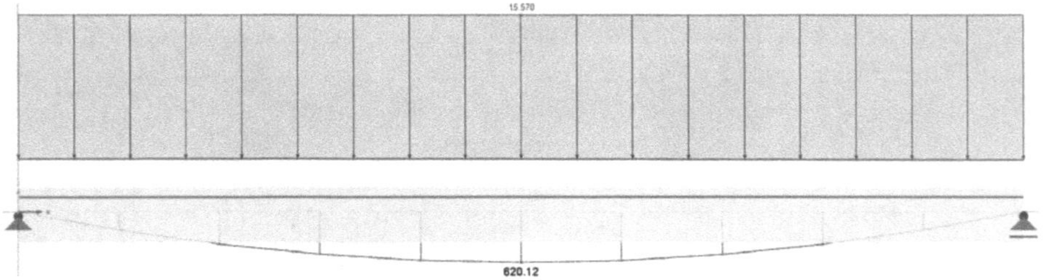

Biegemoment: M_{perm} = 620,12 kNm

4 Bemessung in den Grenzzuständen der Tragfähigkeit

4. 1 Bemessungswerte der Baustoffe

Teilsicherheitsbeiwerte in den Grenzzuständen der Tragfähigkeit:

- Beton γ_C = 1,5
- Betonstahl γ_S = 1,15

Bauzustand:

Annahme: Beim Ersttransport (Herausheben aus der Schalung und Transport im Fertigteilwerk) hat der Beton aufgrund seiner Rezeptur die Frühfestigkeit eines C16/20 erreicht.

Beton C16/20:	f_{ck}	=			16 N/mm²
	f_{cd}	=	1,0 * 16/ 1,5	=	10,7 N/mm²

Endzustand:

Beton C35/45:	f_{ck}	=			30 N/mm²
	f_{cd}	=	0,85 * 35 / 1,5	=	19,8 N/mm²

Allgemein:

Betonstahl B500B:	f_{yk}	=			500 N/mm²
	f_{yd}	=	500 / 1,15	=	435 N/mm²

4. 2 Bemessung für Biegung

4. 2. 1 Bauzustand

Maßgebend beim Transport: Bemessung der oberen Biegebewehrung:

statische Nutzhöhe: (Annahme: Längsbewehrung Ø10 für obere Bewehrung)

$d = h - c_{V,Bü} - Ø_{Bü} - 0,5 * Ø_l$

$= 1000 - 25 - 8 - 0,5 * 10$

≈ 960 mm

Bemessungsquerschnitt: b / h / d = 0,19 / 1 / 0,96 m

Bemessung mit dimensionslosen Beiwerten:

$\mu_{Eds} = M_{Eds} / (b * d^2 * f_{cd})$

$= 0,01299 / (0,19 * 0,96^2 * 10,7)$

$= 0,007 \approx 0,01$

$\rightarrow \omega = 0,0101$

$\text{erf } A_S = \omega * b * d * f_{cd} / \sigma_{sd}$

$= 0,0101 * 19 * 96 * 10,7 / 435$

$= 0,45$ cm²

Mindestbewehrung zur Sicherstellung eines duktilen Bauteilverhaltens:

Rissmoment:

M_{cr} = $f_{ctm} * b * h^2 / 6$ = $3{,}2 * 10^3 * 0{,}19 * 1^2 / 6$

= 101,33 kNm

$A_{S,min}$ = $M_{cr} / (f_{yk} * z)$ = $101{,}33 * 10 / (500 * 0{,}9 * 0{,}96)$

= 2,35 cm² > erf A_S

Längsbewehrung oben: Betonstabstahl B500B

Gewählt: 4 Ø 10 = 3,14 cm²

> 2,35 cm² = $A_{S,min}$

4. 2. 2 Endzustand

Bemessung der unteren Biegebewehrung

statische Nutzhöhe: (bei dreilagiger Längsbewehrung)

d = $h - c_{V,l} - 2{,}5 * Ø_l$

= 1000 - 35 - 2,5 * 25

≈ 900 mm

Um den Anteil der Betondruckzone im Steg zu berücksichtigen wird ein Rechteckquerschnitt als vereinfachter Bemessungsquerschnitt ermittelt:

Annahme für die Druckzonenhöhe: x / d ≤ 0,25

x = 0,25 * 900 = 225 mm

Schwerpunkt der Betondruckzone:

z_s = $(190 * 225^2 / 2 + 210 * 171^2 / 2) / (190 * 225 + 210 * 171)$

= 100 mm

Höhe des rechteckigen Ersatzquerschnittes: $h_i = 2 * z_c$ = 200 mm

ideelle Ersatzquerschnittsbreite b_i:

b_i = (400 * 171 + 190 * 29) / 200 = 369 mm

Bemessungsquerschnitt: b / h / d = 0,37 / 1,0 / 0,9 m

Bemessung mit dimensionslosen Beiwerten:

μ_{Eds} = 1,045 / (0,37 * 0,90² * 19,8)

= 0,176

Werte für μ_{Eds}= 0,176 interpolieren:

ω = 0,1882 + ((0,2007 - 0,1882) / (0,18 - 0,17)) * (0,176 - 0,17)

= 0,189 → ξ = 0,23 x = 0,21m

erf A_S = $\omega * b * d * f_{cd} / \sigma_{sd}$

= 0,189 * 37 * 90 * 19,8 / 435

= 28,65 cm²

> Mindestbewehrung min A_S = 2,17cm²

Längsbewehrung unten:

Gewählt: 6 Ø 25 + 1 Ø 16 = 31,46 cm²

> 28,65 cm² = erf A_S

4. 3 Bemessung für Querkraft

4. 3. 1 Querkraftbemessung

Querkraft am Auflager:

V_{Ed} = ±234,17 kN

Der Ermittlung der Querkraftbewehrung darf bei gleichmäßig verteilter Belastung und direkter Auflagerung die Querkraft im Abstand d vom Auflagerrand zugrunde gelegt werden.

$V_{Ed,red}$ = 234,17 - (0,125 + 0,9) * (21,02 + 5,22) = 207,27 kN

Ermittlung der Druckstrebenneigung:

$$1 \leq \cot\theta \leq (1{,}2 + 1{,}4 * \sigma_{cd} / f_{cd}) / (1 - V_{Rd,cc} / V_{Ed}) \leq 3$$

Querkrafttraganteil des Betonquerschnitts:

$V_{Rd,cc}$ = $c * 0{,}48 * f_{ck}^{1/3} * (1 - 1{,}2 * \sigma_{cd} / f_{cd}) * b_w * z$

mit innerem Hebelarm $z = 0{,}9 * d = 0{,}9 * 90 =$ 81 cm

$c = 0{,}5$

$\sigma_{cd} = 0$ (hier: $N_{Ed} = 0$)

$V_{Rd,cc}$ = $0{,}5 * 0{,}48 * 35^{1/3} * (1 - 1{,}2 * 0) * 0{,}19 * 0{,}81$

= 0,121 MN = 121 kN

$\cot\theta$ = $1{,}2 / (1 - 121 / 207{,}27)$ = 2,88

Erforderliche Querkraftbewehrung:

erf A_{sw} = $V_{Ed} / (f_{yd} * z * \cot\theta)$

= $0{,}20727 * 10^4 / (435 * 0{,}81 * 2{,}88)$

= 2,04 cm²/m

Mindestquerkraftbewehrung:

$A_{sw,min}$ = $\rho_{w,min} * b_w * \sin\alpha$

Mindestschubbewehrungsgrad:

$\rho_{w,min}$ = $0{,}16 * f_{ctm} / f_{yk}$

= $0{,}16 * 3{,}2 / 500$

= 0,102 %

gewählt: Bügel 90° mit $\sin\alpha = 1{,}0$

$A_{sw,min}$ = $0{,}102 * 19$ = 1,94 cm²/m

< erf A_{sw} = 2,04 cm²/m

Nachweis der Betondruckstrebe:

$V_{Rd,max}$ = $b_w * z * v_1 * f_{cd} / (\cot\theta + \tan\theta)$

$\cot\theta$ = 2,88

v_1 = 0,75 (Abminderungsbeiwert Druckstrebenfestigkeit)

$V_{Rd,max}$ = 0,19 * 0,81 * 0,75 * 19,8 / (2,88 + 1/2,88)

= 0,708 MN

> V_{Ed} = 0,23417 MN → Nachweis erfüllt.

Verhältnis zum Bemessungswert der Querkraft:

$V_{Ed,red}$ = 0,20727 MN = 0,29 $V_{Rd,max}$ < 0,3 $V_{Rd,max}$

nach Tab.NA 9.1 ergibt sich der maximale Bügelabstand zu:

$s_{l,max}$ = 300 mm bzw. 0,7 * h = 700 mm

4. 3. 2 Bewehrungswahl für Querkraftbewehrung

Erforderliche Querkraftbewehrung: erf A_{sw} = 2,04 cm²/m

bzw. Mindestquerkraftbewehrung: $A_{sw,min}$ = 1,94 cm²/m

Konstruktive Regeln:

Größter Längsabstand von Querkraftbüglen:

$s_{l,max}$ = 300 mm bzw. 0,7 * h = 420 mm

Gewählte Querkraftbewehrung:

Bügel, 2-schnittig: Ø 8 / 300 mm = 3,35 cm²/m

> 2,04 cm²/m = erf A_{sw}

5 Nachweise in den Grenzzuständen der Gebrauchstauglichkeit

5. 1 Begrenzung der Spannungen unter Gebrauchsbedingungen

Nach DIN EN 1992-1-1/ NA dürfen Spannungsnachweise für nicht vorgespannte Tragwerke des üblichen Hochbaus im Allgemeinen entfallen, wenn die Schnittgrößen nach Elastizitätstheorie ermittelt, im Grenzzustand der Tragfähigkeit um nicht mehr als 15% umgelagert wurden und die bauliche Durchbildung nach Abschnitt 9 durchgeführt wirdund insbesondere die Festlegung der Mindestbewehrungen eingehalten sind.Diese Bedingungen sind hier eingehalten, somit können die Spannungsnachweise unter Gebrauchsbedingungen entfallen.

5. 2 Grenzzustände der Rissbildung

5. 2. 1 Mindestbewehrung zur Begrenzung der Rissbreite

Bei den vorliegenden Verhältnissen (Herstellung im Fertigteilwerk, Abmessungen, statisches System, Lagerausbildung auf Elastomeren) kann davon ausgegangen werden, dass keine nennenswerte Zwangbeanspruchung auftritt und die Rissschnittgröße nicht erreicht wird. Auf den Nachweis der Mindestbewehrung zur Begrenzung der Rissbreite wird daher verzichtet.

5. 2. 2 Begrenzung der Rissbreite für die vorhandene Bewehrung

Die Anforderungen an die Dauerhaftigkeit und das Erscheinungsbild des Tragwerks gelten bei der hier vorausgesetzten Umweltklasse XC1 als erfüllt, wenn die zulässige Rissbreite w_{max}= 0,4mm unter der quasi-ständigen Einwirkungskombination begrenzt wird.

Bemessungsmoment für quasi-ständige Einwirkungskombination:

M_{perm} = 620,12 kNm

Stahlspannung:

vorh A_S = 31,46 cm² (6 Ø 25 + 1 Ø 16)

mit innerem Hebelarm z = 0,9 * d = 0,9 * 90 = 81 cm

σ_S = M_{perm} / (z * vorh A_S)

= 0,62012 / (0,81 * 31,46 * 10^{-4})

= 243,35 MN/m²

Wirksame Fläche:

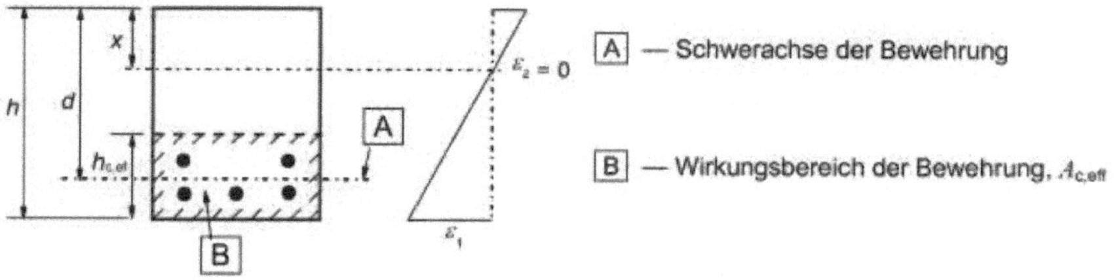

a) Träger

$A_{c,eff}$ = $h_{c,eff} * b_w$

mit $h_{c,eff}$ = min {2,5 * d_1 ; (h - x) / 3 ; h /2}

= min {2,5 * 0,1 ; (1 - 0,21) / 3 ; 1/2)

= 0,25 m

$A_{c,eff}$ = 0,25 * 0,19 = 0,0475 m²

w_k = $Ø_S /(3{,}6 * \rho_{S,eff}) * [\sigma_S / E_S - k_t * f_{ctm} / (E_S * \rho_{S,eff}) * (1 + \alpha_e * \rho_{S,eff})]$

mit $\rho_{S,eff}$ = $A_S / A_{c,eff}$

= $31{,}46 * 10^{-4} / 0{,}0475$

= 0,066

k_t = 0,4

α_e = E_S / E_{cm} = 5,88

w_k = 25 / (3,6 * 0,066) * [243,35 / 200000 - 0,4 * 3,2 / (200000 * 0,066) * (1 + 5,88 * 0,066)]

= 0,11 mm ≤ 0,4 mm = w_{max}

→ Nachweis erfüllt.

5. 3 Begrenzung der Verformungen

5. 3. 1 Vereinfachter Nachweis der Biegeschlankheit

Aus der Biegebemessung im Endzustand in 4. 2. 2 mit den gewählten Abmessungen ergibt sich erf A_S = 28,65 cm² und damit:

ρ = 28,65 / (90 * 19) = 0,017 = 1,70 %

Zulässige Biegeschlankheit:

Referenzbewehrungsgrad für C35/45:

ρ_0 = $10^{-3} * \sqrt{35}$ = 0,006 = 0,60 %

l / d = $K * [11 + 1{,}5 * \sqrt{f_{ck}} * \rho_0 / (\rho - \rho') + 1/12 * \sqrt{f_{ck}} * \sqrt{(\rho' / \rho_0)}]$

mit K = 1 (Einfeldträger)

ρ' = 0 (keine Druckbewehrung)

l / d = $1 * [11 + 1{,}5 * \sqrt{35} * 0{,}6 / 1{,}7]$

= 14,13

Diese Biegeschlankheit gilt unter der Annahme, dass die Stahlspannung unter der Einwirkungskombination im GZG in einem gerissenen Querschnitt in Feldmitte 310 N/mm² beträgt.Bei geringerer Auslastung dürfen die ermittelten Werte mit $310/\sigma_S$ multipliziert werden.

Gewählte Bewehrung: 6 Ø 25 + 1 Ø 16 mit 31,46 cm²

Stahlspannung unter der quasi-ständigen Einwirkungskombination:

σ_S = 243,35 N/mm²

310 / σ_S = 1,27

→ zul l / d = 1,27 * 14,13 = 17,95

< K * 35 = 35

vorh l / d = 17850 / 900 = 19,83

> 17,95 = zul l / d

Der vereinfachte Nachweis der Begrenzung der Durchbiegung für den Unterzug gilt damit nach DIN EN 1992-1-1 als nicht erbracht.

Daher wird eine direkte Durchbiegungsberechnung vorgenommen.

5. 3. 2 Verformungsberechnung

Zulässiger Durchbiegung für den Dachbinder unter der quasi-ständigen Einwirkungs-kombination:

zul u = l / 250 = 17850 / 250 = 71,4 mm

Ermittelte Durchbiegung:

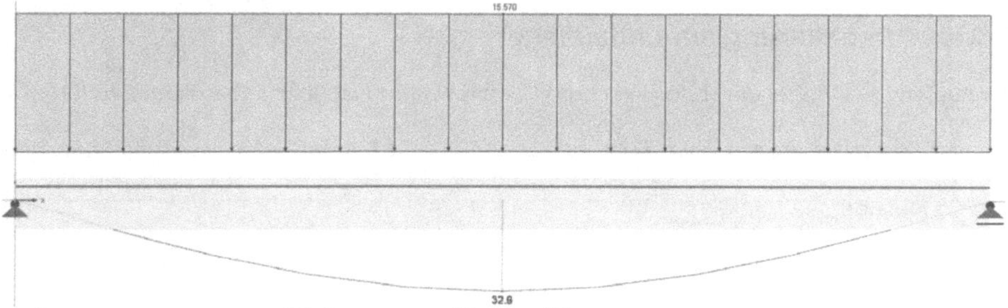

vorh u = 32,9 mm (Zustand I)

Verteilungsbeiwert: ζ = $1 - \beta * (M_{cr} / M)$

= 1 - 0,5 * (101,33 / 620,12) = 0,92

Vereinfacht wird hier die vergrößerte Durchbiegung im Zustand II mit dem vierfachen der Durchbiegung im Zustand I berücksichtigt.

vorh u = 32,9 * 4 * 0,92 + (1 - 0,92) * 32,9 = 123,7 mm

> 71,4 mm = zul u

Schalungsüberhöhung von 60mm < l/250 vorsehen um zulässige Durchbiegung sicher-zustellen!

6 Bewehrungsführung, bauliche Durchbildung

6. 1 Grundwert der Verankerungslänge

Grundwert: $l_{b,rqd}$ = $(Ø / 4) * (\sigma_{sd} / f_{bd})$

Bemessungswert der Verbundspannung: (abgelesen für C35/45)

Gute Verbundbedingungen: f_{bd} = 3,4 N/mm²

Mäßige Verbundbedingungen: f_{bd} = 2,4 N/mm²

Bemessungswert der Stahlspannung: σ_{sd} = 435 N/mm²

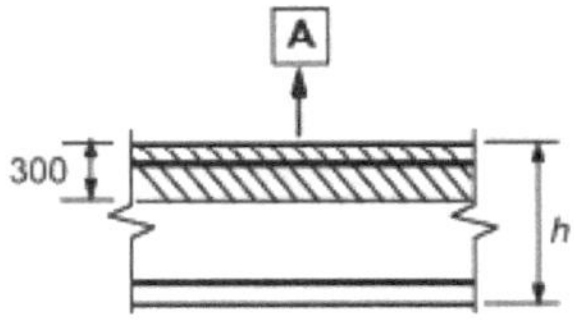

d) h > 600 mm

Bewehrung	Verbund	Ø (mm)	$l_{b,rqd}$ (mm)
Längsbewehrung unten	gut	25	800
Längsbewehrung oben	mäßig	10	453
Bügelbewehrung	mäßig	8	362

6. 2 Verankerung am Endauflager

Mindestens ein Viertel der (erforderlichen) Feldbewehrung ist über das Auflager zu führen und dort zu verankern. Hier: Führung von 2Ø25 = 31,2% der Feldbewehrung über das Endauflager.

Zu verankernde Zugkraft Endauflager:

$F_{Ed} = V_{Ed} * a_l / z + N_{Ed} \geq V_{Ed} / 2$

$V_{Ed} = 234{,}17$ kN $\qquad N_{Ed} = 0$

Versatzmaß: $a_l = z * \cot\theta / 2$

$\cot\theta = 2{,}88$

$\cot\theta_{red} = 2{,}88 * (2{,}04 / 3{,}35) = 1{,}75$

$a_l = 810 * 1{,}75 / 2 = 709$ mm

→ $F_{Ed} = 234{,}17 * 709 / 810 = 204{,}97$ kN

Erforderliche Bewehrung aus der Zugkraft Biegung:

$A_{S,erf} = F_{Ed} / f_{yd}$

$= 0{,}205 * 10^4 / 435 = 4{,}71$ cm²

Erforderliche Verankerungslänge der Feldbewehrung

Kriterium		Feldbewehrung 2Ø25 mit Winkelhaken			
$l_{b,min}$ =	$0{,}3 * \alpha_1 * l_{b,rqd}$	$l_{b,min}$ =	$0{,}3 * 0{,}7 * 800$	=	168 mm
≥	$10 * Ø$	<	$10 * 25$	=	250 mm

$l_{b,eq}$ =	$\alpha_1 * l_{b,rqd} * (A_{S,erf} / A_{S,vorh})$	$l_{b,eq}$ =	0,7 * 800 * (4,71 / 9,82)	=	269 mm
≥	$l_{b,min}$	>	250 mm		
$l_{bd,dir}$ =	$\alpha_5 * l_{b,eq}$	$l_{bd,dir}$ =	2/3 * 269	=	179 mm
≥	6,7 * Ø	>	6,7 * 25	=	167 mm

Die Feldbewehrung wird um 180mm hinter die Auflagervorderkante des Elastomerlagers geführt.

6. 3 Verankerung außerhalb der Auflager

Die Biegebewehrung darf gestaffelt werden. Die Stäbe der gestaffelten Biegebewehrung sind dann im Feld von dem Punkt der Zugkraftdeckungslinie, ab dem sie nicht mehr benötigt werden, um das Maß l_{bd} zu verankern.

Die Feldbewehrung wird hier zweifach gestaffelt. Das geschieht von maximal 6Ø25 + 1Ø16 auf 4Ø25 und auf 2Ø25.

1.Staffelung von 6Ø25 + 1Ø16 auf 4Ø25: $A_{S,erf} / A_{S,vorh} \approx 0,62$

$l_{bd} = \alpha_1 * l_{b,rqd} * (A_{S,erf} / A_{S,vorh})$

$= 1 * 800 * 0,62$

$= 496\ mm < 500mm = l_{bd,vorh}$

2.Staffelung von 4Ø25 auf 2Ø25: $A_{S,erf} / A_{S,vorh} \approx 1/2$

$l_{bd} = 1 * 800 * 1/2$

$= 400\ mm \leq 400mm = l_{bd,vorh}$

6. 4 Zugkraftdeckungslinie

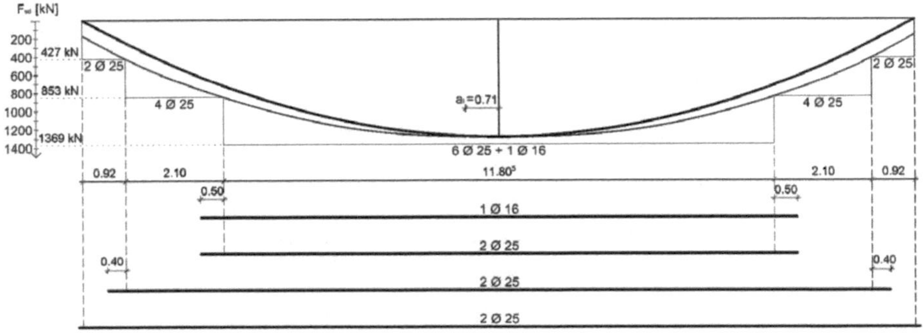

Position B02: Randträger

Zu bemessen ist ein Fertigteil – Randträger, der werkmäßig hergestellt wird. Der Randträger ist Teil der Dachkonstruktion und bildet das Endauflager für die Dacheindeckung. Der Achsabstand zum Dachbinder beträgt 6m. Einfeldträger, mit ausgeklinkten Trägerenden auf Konsolen frei drehbar gelagert. Vorwiegend ruhende Einwirkungen.

Baustoffe:

- Beton C25/30
- Betonstahl B500B (hochduktil)

1 System, Bauteilmaße, Betondeckung

1. 1 System

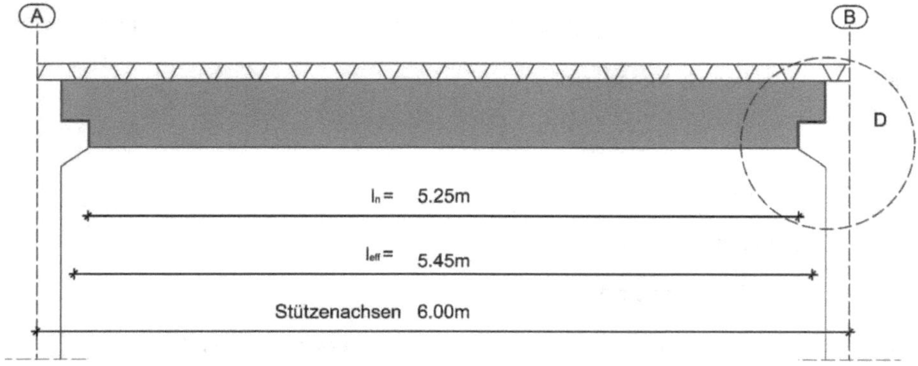

Querschnitt:

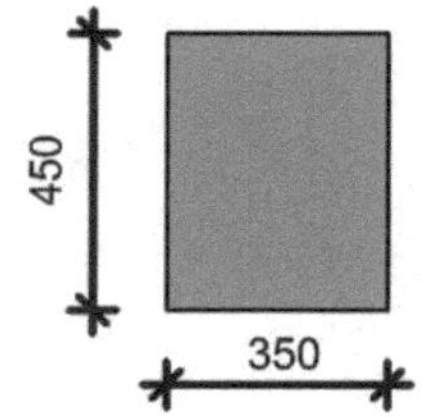

Detail D:

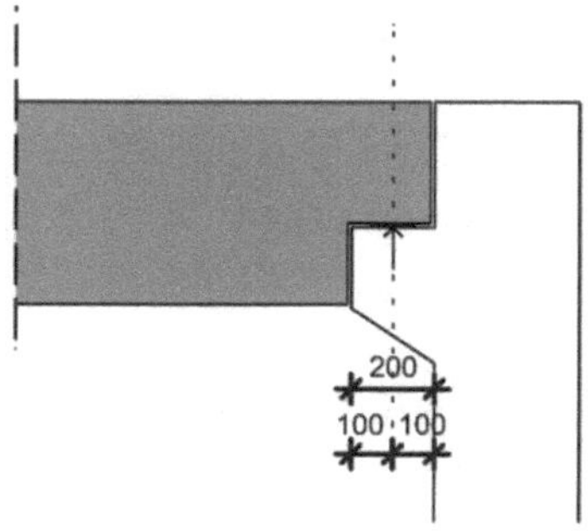

(schematische, unmaßstäbliche Dartstellung)

1. 2 Mindestfestigkeitsklasse, Betondeckung

Expositionsklasse für Bewehrungskorrosion

infolge Karbonatisierung: XC1

Mindestfestigkeitsklasse Beton: C16/20

Gewählt: C25/30 XC1

Betondeckung nach Kriterium der Dauerhaftigkeit:

Mindestbetondeckung	c_{min}	=	10mm
+ Vorhaltemaß	Δc_{dev}	=	10mm
= Nennmaß der Betondeckung	c_{nom}	=	20mm

Betondeckung nach Kriterium des Verbundes:

Zur Sicherstellung des Verbundes: $c_{min,b} \geq$ Stabdurchmesser $\geq 15mm$

Längsbewehrung Ø16:	$c_{min,b}=16mm$	$\Delta c_{dev}=10mm$	$c_{nom}=26mm$
Bügel Ø8:	$c_{min,b}=15mm$	$\Delta c_{dev}=10mm$	$c_{nom}=25mm$

Daraus ergeben sich als Verlegemaße:

Bügel Ø8:		$c_{V,Bü}= 25mm$
Längsbewehrung Ø16:	$c_{v,l} = 25 + 8 = 32$	$c_{V,l} \approx 35mm$

2 Einwirkungen

2. 1 Charakteristische Werte

Bezeichnung der Einwirkung	Charakteristische Werte		(kN/m)
Ständig:			
-Stahlbetonträger:			
0,35m * 0,45m * 25kN/m³	$g_{k,1}$	=	3,94
-Dachkonstruktion:			
3m * (0,153kN/m² (Trapezblech) +			
1,5kN/m² (Kies, Bitumen, Dämmung, Dampfsperre))	$g_{k,2}$	=	4,96

Summe:	g_k	=	8,9
Veränderlich (Nutzlast):			
-Schneelast:(Zone 1, 86m ü. NHN)			
0,65kN/m² * 0,8 * 3m	$q_{k,s}$	=	1,56
-Windlast:(Zone 1 (Binnenland), h ≤ 10m)			
Druck: 0,5kN/m² * 0,2 * 3m	$q_{k,w}$	=	0,3

2. 2 Bemessungswerte in den Grenzzuständen der Tragfähigkeit

Teilsicherheitsbeiwerte in den Grenzzuständen der Tragfähigkeit:

Einwirkungen	Endzustand			Bauzustand Fertigteil		
- ständige	γ_G	=	1,35	γ_G	=	1,15
- veränderliche	γ_Q	=	1,5	γ_Q	=	1,15

Grundkombination:

$g_d = g_k * \gamma_G = 8{,}9 * 1{,}35 = 12{,}02\ \text{kN/m}$

$q_d = q_{k,s} * \gamma_Q + q_{k,w} * \gamma_Q * \psi_{0,w} = 1{,}56 * 1{,}5 + 0{,}6 * 1{,}5 * 0{,}3 = 2{,}61\ \text{kN/m}$

Bauzustand – Transport des Fertigteils:

$g_{d,1} = g_{k,1} * \gamma_G = 3{,}94 * 1{,}15 = 4{,}53\ \text{kN/m}$

2. 3 Repräsentative Werte in den Grenzzuständen der Gebrauchstauglichkeit

Kombinationsbeiwerte für veränderliche Einwirkungen:

Einwirkungskombination	Schneelast		Windlast	
- selten	$\psi_{0,s}$ =	0,5	$\psi_{0,w}$ =	0,6
- häufig	$\psi_{1,s}$ =	0,2	$\psi_{1,w}$ =	0,2
- quasi-ständig	$\psi_{2,s}$ =	0	$\psi_{2,w}$ =	0

Quasi-ständige Einwirkungskombination: (für Rissbreiten und Verformung)

$e_{perm} = g_k + \psi_{2,s} * q_{k,s} + \psi_{2,w} * q_{k,w,D} = 8{,}9 + 0 + 0 = 8{,}9\ \text{kN/m}$

3 Schnittgrößenermittlung

3. 1 Grenzzustände der Tragfähigkeit

3. 1. 1 Bauzustand - Transport

Belastung: Eigenlast $g_{d,1}$ = 4,53 kN/m

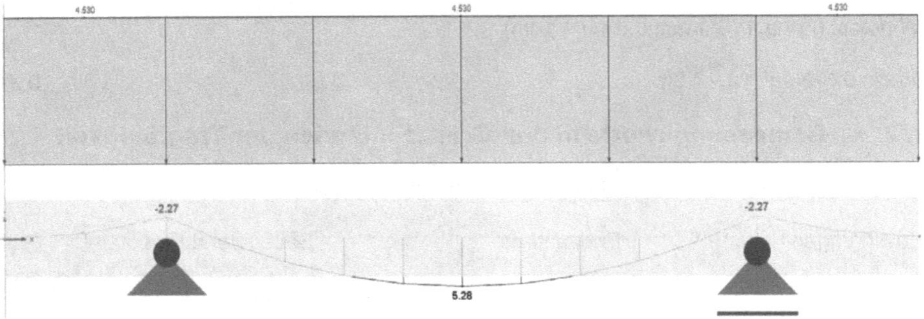

Stützmoment: $M_{Ed,S}$ = -2,27 kNm

Feldmoment: $M_{Ed,F}$ = 5,28 kNm

3. 1. 2 Endzustand

Belastung: g_d = 12,02 kN/m

q_d = 2,61 kN/m

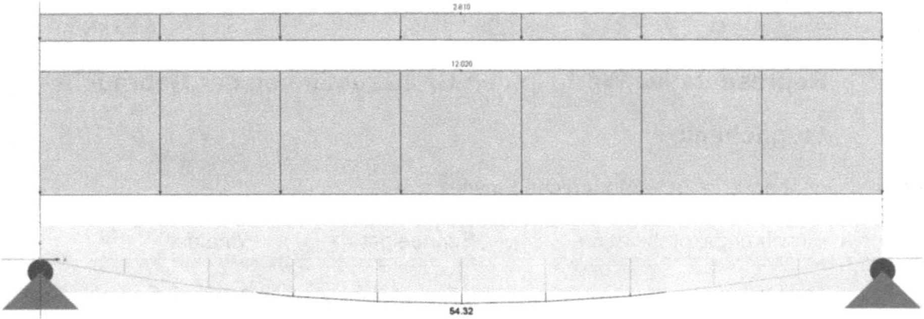

Maximales Biegemoment in Feldmitte: $M_{Ed,F}$ = 54,32 kNm

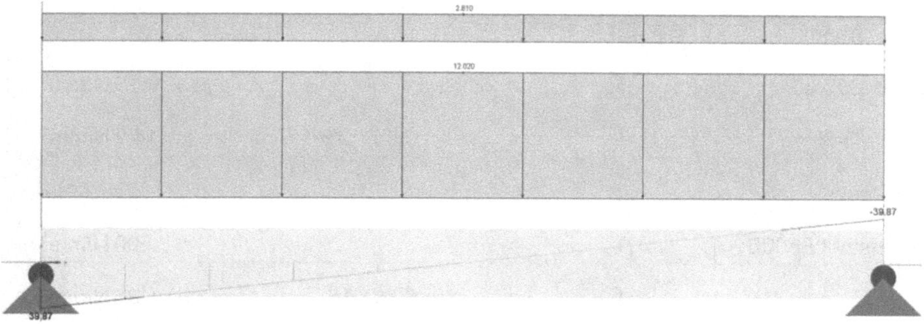

Maximale Querkraft im Auflager: V_{Ed} = 39,87 kN

3. 2 Grenzzustände der Gebrauchstauglichkeit

Biegebelastung quasi-ständig: e_{perm} = 8,9 kN/m

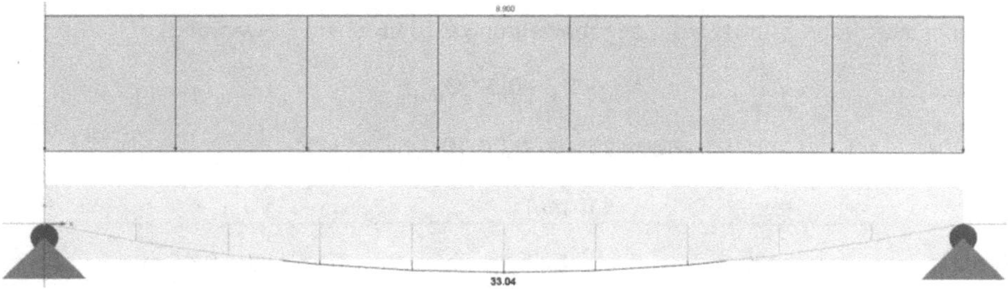

Biegemoment: M_{perm} = 33,04 kNm

4 Bemessung in den Grenzzuständen der Tragfähigkeit

4. 1 Bemessungswerte der Baustoffe

Teilsicherheitsbeiwerte in den Grenzzuständen der Tragfähigkeit:

- Beton γ_C = 1,5
- Betonstahl γ_S = 1,15

Bauzustand:

Annahme: Beim Ersttransport (Herausheben aus der Schalung und Transport im Fertigteilwerk) hat der Beton aufgrund seiner Rezeptur die Frühfestigkeit eines C16/20 erreicht.

Beton C16/20: f_{ck} = 16 N/mm²

f_{cd} = 1,0 * 16/ 1,5 = 10,7 N/mm²

Endzustand:

Beton C25/30:	f_{ck}	=			25 N/mm²
	f_{cd}	=	0,85 * 25/ 1,5	=	14,2 N/mm²

Allgemein:

Betonstahl B500B:	f_{yk}	=			500 N/mm²
	f_{yd}	=	500/1,15	=	435 N/mm²

4. 2 Bemessung für Biegung

4. 2. 1 Bauzustand

Maßgebend beim Transport: Bemessung der oberen Biegebewehrung:

statische Nutzhöhe: (Annahme: Längsbewehrung Ø10 für obere Bewehrung)

$d = h - c_{V,Bü} - Ø_{Bü} - 0,5 * Ø_l$

$= 450 - 25 - 8 - 0,5 * 10$

≈ 410 mm

Bemessungsquerschnitt: b / h / d = 0,35 / 0,5 / 0,41 m

Bemessung mit dimensionslosen Beiwerten:

$\mu_{Eds} = M_{Eds} / (b * d^2 * f_{cd})$

$= 0,00227 / (0,35 * 0,41^2 * 10,7)$

$= 0,0036$

Der Wert für μ_{Eds} ist zu klein, somit wird die Mindestbewehrung maßgebend!

Mindestbewehrung zur Sicherstellung eines duktilen Bauteilverhaltens:

Rissmoment:

$M_{cr} = f_{ctm} * b * h^2 / 6 = 2,6 * 10^3 * 0,35 * 0,45^2 / 6$

$= 30,71$ kNm

$A_{S,min} = M_{cr} / (f_{yk} * z) = 30,71 / (500 * 10^3 * 0,9 * 0,41)$

$= 1,66$ cm²

Längsbewehrung oben: Betonstabstahl B500B

Gewählt: 3 Ø 10 = 2,36 cm²

> 1,66 cm² = min A_S

4. 2. 2 Endzustand

Bemessung der unteren Biegebewehrung

statische Nutzhöhe:

$d = h - c_{V,l} - 0{,}5 * Ø_l$

$= 450 - 35 - 0{,}5 * 16$

≈ 400 mm

Bemessungsquerschnitt: b / h / d = 0,35 / 0,5 / 0,4 m

Bemessung mit dimensionslosen Beiwerten:

$\mu_{Eds} = 0{,}05432 / (0{,}35 * 0{,}4^2 * 14{,}2)$

$= 0{,}07$

$\omega = 0{,}0728 \rightarrow \xi = 0{,}097 \quad x = 0{,}04$ m

$\text{erf } A_S = \omega * b * d * f_{cd} / \sigma_{sd}$

$= 0{,}0728 * 35 * 40 * 14{,}2 / 435$

$= 3{,}33$ cm²

> Mindestbewehrung min A_S = 2,17cm²

Längsbewehrung unten:

Gewählt: 4 Ø 16 = 8,04 cm²

> 3,33 cm² = erf A_S

4. 3 Bemessung für Querkraft

Querkraft am Auflager:

V_{Ed} = ±39,87 kN

Der Ermittlung der Querkraftbewehrung darf bei gleichmäßig verteilter Belastung und direkter Auflagerung die Querkraft im Abstand d vom Auflagerrand zugrunde gelegt werden.

$V_{Ed,red}$ = 39,87 - (0,175 + 0,4) * (12,02 + 2,61) = 31,46 kN

Ermittlung der Druckstrebenneigung:

$$1 \leq \cot\theta \leq (1{,}2 + 1{,}4 * \sigma_{cd} / f_{cd}) / (1 - V_{Rd,cc} / V_{Ed}) \leq 3$$

Querkrafttraganteil des Betonquerschnitts:

$V_{Rd,cc}$ = $c * 0{,}48 * f_{ck}^{1/3} * (1 - 1{,}2 * \sigma_{cd} / f_{cd}) * b_w * z$

mit innerem Hebelarm $z = 0{,}9 * d$ = 0,9 * 40 = 36 cm

$c = 0{,}5$

$\sigma_{cd} = 0$ (hier: $N_{Ed} = 0$)

$V_{Rd,cc}$ = $0{,}5 * 0{,}48 * 25^{1/3} * (1 - 1{,}2 * 0) * 0{,}35 * 0{,}36$

= 0,088 MN = 88 kN

$\cot\theta$ = 1,2 / (1 - 88 / 31,46) = -0,67

Auf der wirtschaftlichen Seite liegend wird hier $\cot\theta = 3$ gewählt.

Erforderliche Querkraftbewehrung:

erf A_{sw} = $V_{Ed} / (f_{yd} * z * \cot\theta)$

= $0{,}03146 * 10^4 / (435 * 0{,}36 * 3)$

= 0,67 cm²/m

Mindestquerkraftbewehrung:

$A_{sw,min}$ = $\rho_{w,min} * b_w * \sin\alpha$

Mindestschubbewehrungsgrad:

$\rho_{w,min}$ = $0{,}16 * f_{ctm} / f_{yk}$

= 0,16 * 2,6 / 500

= 0,083 %

gewählt: Bügel 90° mit sin α = 1,,0

$A_{sw,min}$ = 0,083 * 35 = 2,91 cm²/m

> erf A_{sw} = 0,67 cm²/m

Nachweis der Betondruckstrebe:

$V_{Rd,max}$ = $b_w * z * v_1 * f_{cd} / (\cot \theta + \tan \theta)$

$\cot \theta$ = 3

v_1 = 0,75 (Abminderungsbeiwert Druckstrebenfestigkeit)

$V_{Rd,max}$ = 0,35 * 0,36 * 0,75 * 14,2 / (3 + 1/3)

= 0,403 MN

> V_{Ed} = 0,03987 MN → Nachweis erfüllt.

Verhältnis zum Bemessungswert der Querkraft:

$V_{Ed,red}$ = 0,03146 MN = 0,08 $V_{Rd,max}$ < 0,3 $V_{Rd,max}$

nach Tab.NA 9.1 ergibt sich der maximale Bügelabstand zu:

$s_{l,max}$ = 300 mm bzw. 0,7 * h = 420 mm

4. 3. 3 Bewehrungswahl für Querkraftbewehrung

Erforderliche Querkraftbewehrung = erf A_{sw} = 0,67 cm²/m

bzw. Mindestquerkraftbewehrung = $A_{sw,min}$ = 2,91 cm²/m

Konstruktive Regeln:

größter Längsabstand von Querkraftbüglen:

$s_{l,max}$ = 300 mm bzw. 0,7 * h = 420 mm

Gewählte Querkraftbewehrung:

Bügel, 2-schnittig: Ø 8 / 200 mm = 5,03 cm²/m

> 2,91 cm²/m = erf A_{sw}

4. 4 Bemessung des ausgeklinkten Auflagers

4. 4. 1 System, Belastung, Betondeckung

System:

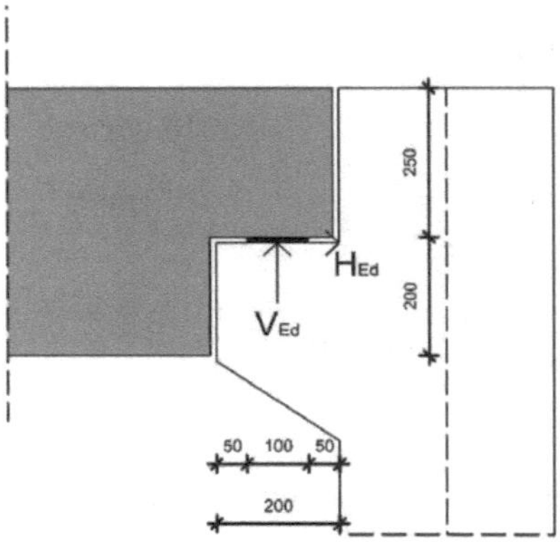

Belastung: V_{Ed} = 39,87 kN

H_{Ed} = 7,97 kN (min H_{Ed} = 0,2 * V_{Ed})

Vorhandene Feldbewehrung: 4 Ø 16 (8,04 cm²)

Betondeckung für Schlaufen: (Annahme: Ø = 12mm)

c_{min} = $c_d \geq 3 * Ø$

$c_{nom,Schlaufe}$ = $3 * Ø + \Delta c$

= 3 * 12 + 10

= 46 mm

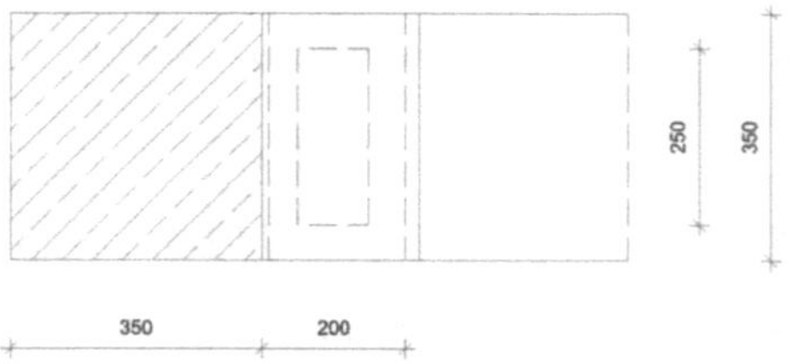

4. 4. 2 Bemessung mit Stabwerkmodellen

Stabwerkmodell 1 für Vertikalkraft V_{Ed}:

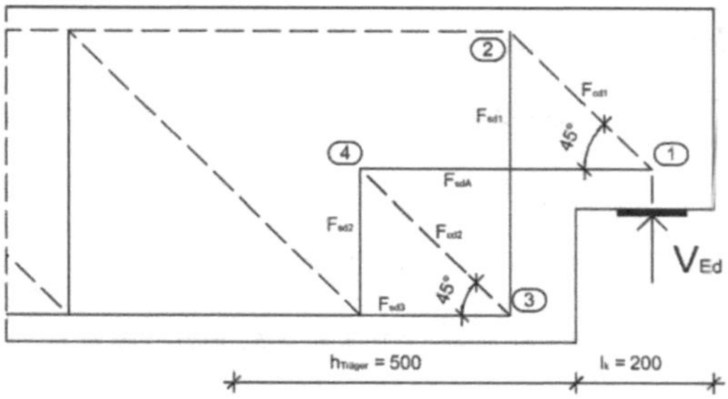

Knoten 1:	F_{sdA}	=	V_{Ed} =	39,87 kN
	F_{cd1}	=	$V_{Ed} * \sqrt{2}$ =	56,38 kN
Knoten 2:	F_{sd1}	=	V_{Ed} =	39,87 kN
Knoten 3:	F_{sd3}	=	F_{sd1} =	39,87 kN
	F_{cd2}	=	$F_{sd1} * \sqrt{2}$ =	56,38 kN
Knoten 4:	F_{sd2}	=	F_{sdA} =	39,87 kN

Stabwerkmodell 2 für Horizontalkraft H_{Ed}:

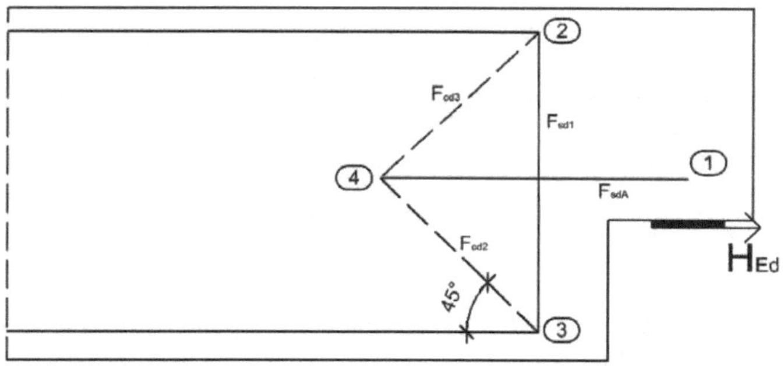

Knoten 1:	F_{sdA}	=	H_{Ed} =	7,97 kN
Knoten 4:	F_{cd2}	=	$F_{sdA}/2 * \sqrt{2}$ =	5,64 kN
	F_{cd3}	=	F_{cd2} =	5,64 kN
Knoten 2:	F_{sd1}	=	$F_{cd3} / \sqrt{2}$ =	3,99 kN
	F_{sd3}	=	F_{sd1} =	3,99 kN

Kombiniertes Stabwerkmodell: (Modell 1 + Modell 2)

F_{sdA}	=	39,87 + 7,97	=	47,84 kN
F_{sd1}	=	39,87 + 3,99	=	43,86 kN
F_{sd2}	=			39,87 kN
F_{sd3}	=	39,87 + 3,99	=	43,86 kN
F_{cd1}	=			56,38 kN
F_{cd2}	=	56,38 + 5,64	=	62,02 kN

Ermittlung der Bewehrung:

Zugkraft (kN)		erf A_s (cm²)	gewählte Bewehrung
F_{sdA} =	47,84	47,84 / 43,5 = 1,1	4Ø12 (2 Schlaufen); $A_{S,vorh}$ = 4,52 cm²
F_{sd1} =	43,86	43,86 / 43,5 = 1,01	4Ø12 (2 Bügel); $A_{S,vorh}$ = 4,52 cm²
F_{sd2} =	39,87	39,87 / 43,5 = 0,92	4Ø12 (2 Bügel); $A_{S,vorh}$ = 4,52 cm²
			aus Feldbewehrung 4Ø16 (8,04 cm²) :
F_{sd3} =	43,86	43,86 / 43,5 = 1,01	<u>gewählt:</u> werden verankert mit 6Ø12
			→ 3 Schlaufen ; $A_{S,vorh}$ = 6,79 cm²

Nachweis der Betondruckstrebe am Knoten 1 (Druck-Zug-Knoten):

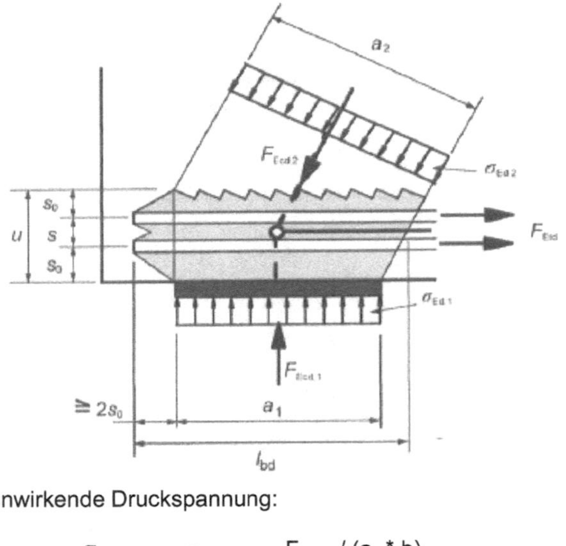

$F_{Ecd,2}$ = F_{cd1} = 56,38 kN

ϑ = 45° (zug. Winkel zu $F_{Ecd,2}$)

a_1 = 10 cm

Einwirkende Druckspannung:

$\sigma_{Ed,2} = F_{Ecd,2} / (a_2 * b)$

$u = 2 * s_0 + s = 2 * (4,6 + 0,6) + (1,2 + 2)$

$= 13,6 \text{ cm}$

$a_2 = (a_1 + u * \cot \vartheta) * \sin \vartheta$

$= (10 + 13,6 * \cot(45°)) * \sin(45°)$

$= 16,69 \text{ cm}$

$b = 0{,}35\ m$

$\sigma_{Ed,2} = 56{,}38 * 10^{-3} / (0{,}1669 * 0{,}35)$

$= 0{,}97\ MN/m^2$

Aufnehmbare Druckspannung:

$\sigma_{Rd,max} = 0{,}75 * v' * f_{cd} = 0{,}75 * 1 * 14{,}2$

$= 10{,}65\ MN/m^2 > 0{,}97\ MN/m^2$ → Nachweis erfüllt.

Nachweis der Auflagerpressung am Knoten 1 (Druck-Zug-Knoten):

$\sigma_{Ed,1} = F_{Ecd,1} / (a_1 * b)$

$F_{Ecd,1} = V_{Ed} = 39{,}87\ kN$

$a_1 = 0{,}1\ m$

$b = 0{,}35\ m$

$\sigma_{Ed,1} = 39{,}87 * 10^{-3} / (0{,}1 * 0{,}35)$

$= 1{,}14\ MN/m^2$

Aufnehmbare Druckspannung:

$\sigma_{Rd,max} = 10{,}65\ MN/m^2 > 1{,}14\ MN/m^2$ → Nachweis erfüllt.

5 Nachweise in den Grenzzuständen der Gebrauchstauglichkeit

5. 1 Begrenzung der Spannungen unter Gebrauchsbedingungen

Nach DIN EN 1992-1-1/ NA dürfen Spannungsnachweise für nicht vorgespannte Tragwerke des üblichen Hochbaus im Allgemeinen entfallen, wenn die Schnittgrößen nach Elastizitätstheorie ermittelt, im Grenzzustand der Tragfähigkeit um nicht mehr als 15% umgelagert wurden und die bauliche Durchbildung nach Abschnitt 9 durchgeführt wirdund insbesondere die Festlegung der Mindestbewehrungen eingehalten sind. Diese Bedingungen sind hier eingehalten, somit können die Spannungsnachweise unter Gebrauchsbedingungen entfallen.

5. 2 Grenzzustände der Rissbildung

5. 2. 1 Mindestbewehrung zur Begrenzung der Rissbreite

Bei den vorliegenden Verhältnissen (Herstellung im Fertigteilwerk, Abmessungen, statisches System, Lagerausbildung auf Elastomeren) kann davon ausgegangen werden, dass keine nennenswerte Zwangbeanspruchung auftritt und die Rissschnittgröße nicht erreicht wird. Auf den Nachweis der Mindestbewehrung zur Begrenzung der Rissbreite wird daher verzichtet.

5. 2. 2 Begrenzung der Rissbreite für die vorhandene Bewehrung

Die Anforderungen an die Dauerhaftigkeit und das Erscheinungsbild des Tragwerks gelten bei der hier vorausgesetzten Umweltklasse XC1 als erfüllt, wenn die zulässige Rissbreite w_{max}= 0,4mm unter der quasi-ständigen Einwirkungskombination begrenzt wird.

Bemessungsmoment für quasi-ständige Einwirkungskombination:

M_{perm} = 33,04 kNm

Stahlspannung:

vorh A_S = 8,04 cm² (4 Ø 16)

mit innerem Hebelarm z = 0,9 * d = 0,9 * 40 = 36 cm

σ_S = M_{perm} / (z * vorh A_S)

= 0,03304 / (0,36 * 8,04 * 10^{-4})

= 114,15 MN/m²

Wirksame Fläche:

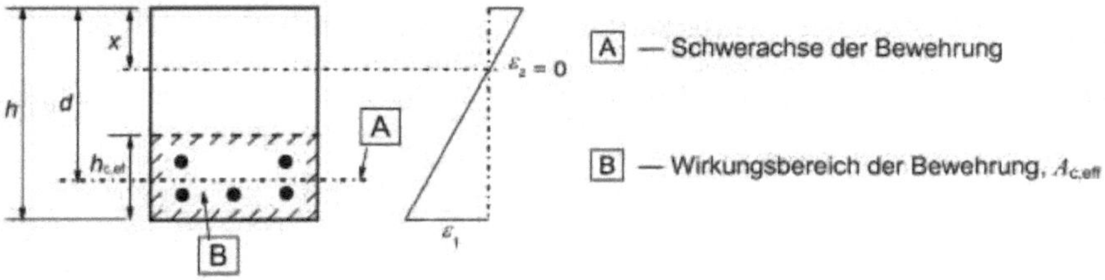

a) Träger

$A_{c,eff} = h_{c,eff} * b_w$

mit $h_{c,eff} = \min\{2,5 * d_1 ; (h - x) / 3 ; h /2\}$

$= \min\{2,5 * 0,05 ; (0,45 – 0,04)/3 ; 0,45/2\}$

$= 0,125\,m$

$A_{c,eff} = 0,125 * 0,35 = 0,048\,m^2$

$w_k = Ø_S / (3,6 * \rho_{S,eff}) * [\sigma_S / E_S - k_t * f_{ctm} /(E_S * \rho_{S,eff}) * (1 + \alpha_e * \rho_{S,eff})]$

mit $\rho_{S,eff} = A_S / A_{c,eff}$

$= 8,04 * 10^{-4} / 0,048$

$= 0,0168$

$k_t = 0,4$

$\alpha_e = E_S / E_{cm} = 6,45$

$w_k = 16 / (3,6 * 0,0168) * [114,15 / 200000 - 0,4 * 2,6 / (200000 * 0,0168) * (1 + 6,45 * 0,0168)]$

$= 0,06\,mm \leq 0,4\,mm = w_{max}$

→ Nachweis erfüllt.

5. 3 Begrenzung der Verformungen

5. 3. 1 Vereinfachter Nachweis der Biegeschlankheit

Aus der Biegebemessung im Endzustand in 4. 2. 2 mit den gewählten Abmessungen ergibt sich erf A_S = 3,33 cm² und damit:

ρ = 3,33 / (40 * 35) = 0,0024 = 0,24 %

Zulässige Biegeschlankheit:

Referenzbewehrungsgrad für C25/30:

ρ_0 = $10^{-3} * \sqrt{25}$ = 0,005 = 0,50 %

l / d = $K * [11 + 1,5 * \sqrt{f_{ck}} * \rho_0 / \rho + 3,2 * \sqrt{f_{ck}} *(\rho_0 / \rho - 1)^{3/2}$

mit K = 1 (Einfeldträger)

ρ' = 0 (keine Druckbewehrung)

l / d = $1 * [11 + 1,5 * \sqrt{25} * 0,5/0,24 + 3,2 * \sqrt{25} * (0,5 / 0,24 - 1)^{3/2}]$

= 44,67

Diese Biegeschlankheit gilt unter der Annahme, dass die Stahlspannung unter der Einwirkungskombination im GZG in einem gerissenen Querschnitt in Feldmitte 310 N/mm² beträgt.Bei geringerer Auslastung dürfen die ermittelten Werte mit $310/\sigma_S$ multipliziert werden.

Gewählte Bewehrung: 4 Ø 16 mit 8,04 cm²

Stahlspannung unter der quasi-ständigen Einwirkungskombination:

σ_S = 114,15 N/mm²

$310 / \sigma_S$ = 2,72

→ zul l / d = 2,72 * 44,67 = 121,5

> K * 35 = 35

vorh l / d = 5450 / 400 = 13,63

< 35 = zul l / d

Der vereinfachte Nachweis der Begrenzung der Durchbiegung für den Einfeldbalken gilt damit nach DIN EN 1992-1-1 als erbracht.

Daher darf die Durchbiegungsberechnung entfallen.

6 Bewehrungsführung, bauliche Durchbildung

6. 1 Grundwert der Verankerungslänge

Grundwert: $l_{b,rqd} = (Ø / 4) * (\sigma_{sd} / f_{bd})$

Bemessungswert der Verbundspannung: (abgelesen für C25/30)

Gute Verbundbedingungen: $f_{bd} = 2{,}7\ N/mm^2$

Mäßige Verbundbedingungen: $f_{bd} = 1{,}9\ N/mm^2$

Bemessungswert der Stahlspannung: $\sigma_{sd} = 435\ N/mm^2$

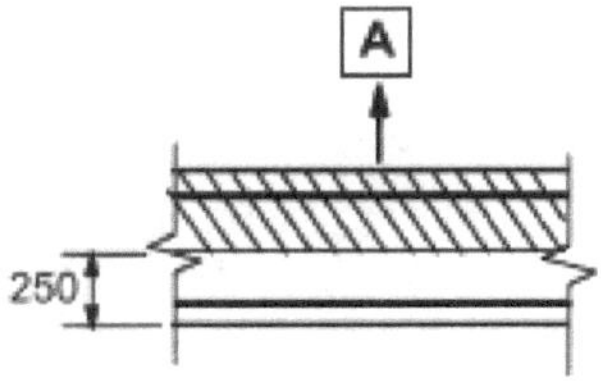

c) h > 250 mm

Bewehrung	Verbund	Ø (mm)	$l_{b,rqd}$ (mm)
Längsbewehrung unten	gut	16	644
Schlaufen	gut	12	483
Längsbewehrung oben	mäßig	10	572
Bügelbewehrung	mäßig	8	458

6. 2 Verankerung am Endauflager (ausgeklinktes Auflager)

Mindestwert der Verankerungslänge der Schlaufen am Auflager:

$l_{b,min} = 0{,}3 * \alpha_1 * l_{b,rqd} \geq 6{,}7 * Ø$ (Knoten 1 Stabwerkmodell)

$= 0{,}3 * 0{,}7 * 483 \geq 6{,}7 * 12$

$= 101\ mm > 80mm$

Erforderliche Verankerungslänge der Schlaufen am Auflager: (Knoten 1 Stabwerkmodell)

$l_{bd} = \alpha_1 * \alpha_4 * \alpha_5 * l_{b,rqd} * (A_{S,erf} / A_{S,vorh})$

$= 0{,}7 * 1 * 2/3 * 483 * (1{,}1 / 4{,}52)$ (direkte Auflagerung)

$= 54{,}85\ mm < l_{b,min} = 101\ mm$

Die Schlaufen werden um 120mm > l_{bd} hinter die Auflagervorderkante des Elastomerlagers geführt.

Erforderliche Verankerungslänge der Schlaufen im Gurt: (Knoten 3 Stabwerkmodell)

$$l_{bd} = \alpha_1 * \alpha_4 * \alpha_5 * l_{b,rqd} * (A_{S,erf} / A_{S,vorh})$$

$$= 0{,}7 * 1 * 1 * 483 * (1{,}01 / 4{,}52)$$

$$= 75{,}55\,mm < l_{b,min} = 101\,mm$$

Die Bügel, die die vertikale Zugkraft F_{sd1}(siehe 4.4.2) aufnehmen, werden auf einer Länge von 120mm > l_{bd} verteilt.

Mindestwert der Übergreifungslänge zwischen Schlaufen und Feldbewehrung:

$$l_{0,min} = \max \{0{,}3 * \alpha_1 * \alpha_6 * l_{b,rqd} ; 15 * \varnothing ; 200mm\}$$

$$= \max \{0{,}3 * 0{,}7 * 2 * 483 ; 15 * 12 ; 200mm\}$$

$$= 203\,mm$$

Erforderliche Übergreifungslänge zwischen Schlaufen und Feldbewehrung:

$$l_0 = \alpha_6 * l_{bd}$$

$$l_{bd} = 1 * 1 * 644 * (1{,}01 / 6{,}79)$$

$$= 96\,mm$$

$$l_0 = 2 * 96 = 192\,mm < 203\,mm = l_{0,min}$$

Die Schlaufen, die die Zugkraft F_{sd3}(siehe 4.4.2) aufnehmen, werden 250mm über die vorhandene Feldbewehrung geführt.

6. 3 Verankerung außerhalb der Auflager

Die Biegebewehrung darf gestaffelt werden. Die Stäbe der gestaffelten Biegebewehrung sind dann im Feld von dem Punkt der Zugkraftdeckungslinie, ab dem sie nicht mehr benötigt werden, um das Maß l_{bd} zu verankern.

Die Feldbewehrung wird hier einfach gestaffelt. Das geschieht von maximal 3Ø20 auf 2Ø20.

Staffelung von 4Ø16 auf 2Ø16: $A_{S,erf} / A_{S,vorh} \approx 0,5$

$l_{bd} = \alpha_1 * l_{b,rqd} * (A_{S,erf} / A_{S,vorh})$

$= 1 * 644 * 0,5$

$= 322\,mm < 350mm = l_{bd,vorh}$

Position B03: Deckenabfangbalken

Zu bemessen ist ein Fertigteil – Unterzug, der werkmäßig hergestellt wird. Der Unterzug ist Teil der Deckenkonstruktion, die den Hallen- und Büroteil des Gebäudes trennt. Der Achsabstand der Unterzüge untereinander beträgt 6m. Einfeldträger, mit ausgeklinkten Trägerenden auf Konsolen frei drehbar gelagert. Vorwiegend ruhende Einwirkungen.

Baustoffe:

- Beton C25/30
- Betonstahl B500B (hochduktil)

1 System, Bauteilmaße, Betondeckung

1. 1 System

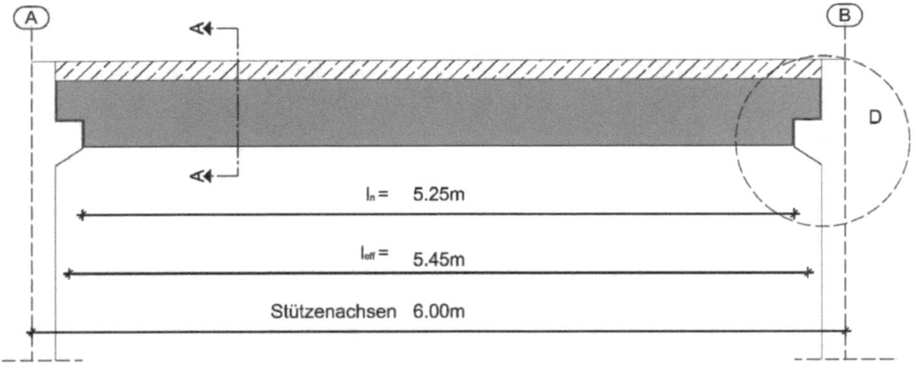

Schnitt A-A:

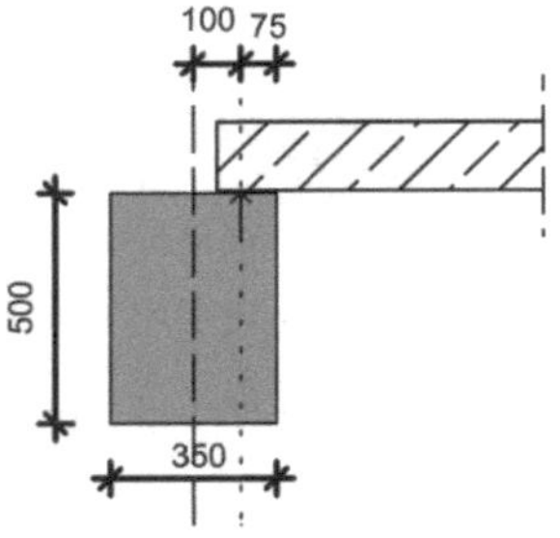

Detail D:

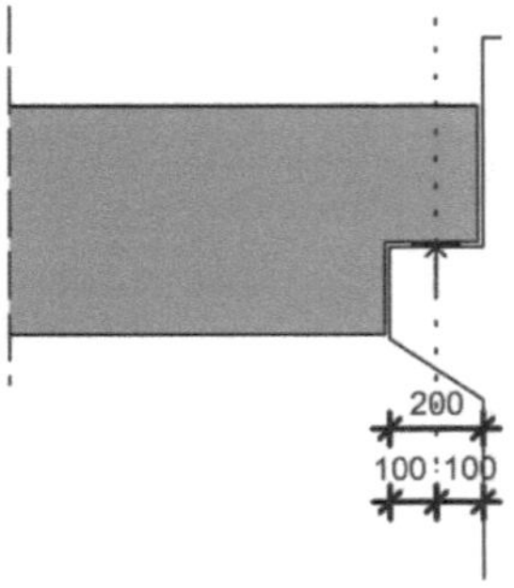

(schematische Dartstellung)

1. 2 Mindestfestigkeitsklasse, Betondeckung

Expositionsklasse für Bewehrungskorrosion

infolge Karbonatisierung: XC1

Mindestfestigkeitsklasse Beton: C16/20

Gewählt: C25/30 XC1

Betondeckung nach Kriterium der Dauerhaftigkeit:

Mindestbetondeckung	c_{min}	=	10mm
+ Vorhaltemaß	Δc_{dev}	=	10mm
= Nennmaß der Betondeckung	c_{nom}	=	20mm

Betondeckung nach Kriterium des Verbundes:

Zur Sicherstellung des Verbundes: $c_{min,b} \geq$ Stabdurchmesser$\geq$15mm

Längsbewehrung Ø20:	$c_{min,b}$=20mm	Δc_{dev}=10mm	c_{nom}=30mm
Bügel Ø8:	$c_{min,b}$=15mm	Δc_{dev}=10mm	c_{nom}=25mm

Daraus ergeben sich als Verlegemaße:

Längsbewehrung Ø20:	$c_{min,b}$=20mm	Δc_{dev}=10mm	$c_{V,l}$=30mm
Bügel Ø8:	$c_{Bü}$=30-8=22mm		$c_{V,Bü} \approx$20mm

2 Einwirkungen

2. 1 Charakteristische Werte

Bezeichnung der Einwirkung	Charakteristische Werte		(kN/m)
Ständig:			
-Stahlbetonträger:			
0,35m * 0,5m * 25kN/m³	$g_{k,1}$	=	4,38
-Deckenkonstruktion:			
2,69kN/m²(Eigenlast Deckenplatte)			
+ 2kN/m²(Ausbau)= 4,69kN/m² * 6/2m	$g_{k,2}$	=	14,07

Summe:	g_k	=	18,45
Veränderlich (Nutzlast):			
-Nutzlast:(Kategorie B1)			
2kN/m² * 6/2m	$q_{k,1}$	=	
-Trennwandzuschlag:			
1,2kN/m² * 6/2m	$q_{k,2}$	=	3,6
Summe:	q_k	=	9,6

2. 2 Bemessungswerte in den Grenzzuständen der Tragfähigkeit

Teilsicherheitsbeiwerte in den Grenzzuständen der Tragfähigkeit:

Einwirkungen	Endzustand			Bauzustand Fertigteil		
- ständige	γ_G	=	1,35	γ_G	=	1,15
- veränderliche	γ_Q	=	1,5	γ_Q	=	1,15

Grundkombination:

$g_d = g_k * \gamma_G = 18{,}45 * 1{,}35 = 24{,}91$ kN/m

$q_d = q_k * \gamma_Q = 9{,}6 * 1{,}5 = 14{,}4$ kN/m

Bauzustand – Transport des Fertigteils:

$g_{d,1} = g_{k,1} * \gamma_G = 4{,}38 * 1{,}15 = 5{,}04$ kN/m

Torsionsbelastung = Torsionsmoment/ Längeneinheit:

$t_{Ed} = (\gamma_G * g_{k,2} + \gamma_Q * q_k) * e$

$= (1{,}35 * 14{,}07 + 1{,}5 * 9{,}6) * 0{,}1$

$= 3{,}34$ kNm/m

2. 3 Repräsentative Werte in den Grenzzuständen der Gebrauchstauglichkeit

Kombinationsbeiwerte für veränderliche Einwirkungen:

Einwirkungskombination	Nutzlast (Kategorie B)		
- selten	ψ_0	=	0,7
- häufig	ψ_1	=	0,5
- quasi-ständig	ψ_2	=	0,3

Quasi-ständige Einwirkungskombination (für Grenzzustand Rissbildung und Verformung)

e_{perm} = $g_k + \psi_2 * q_k$ 18,45 + 0,3 * 9,6 = 21,33 kN/m

3 Schnittgrößenermittlung

3. 1 Grenzzustände der Tragfähigkeit

3. 1. 1 Bauzustand - Transport

Belastung: Eigenlast $g_{d,1}$ = 5,04 kN/m

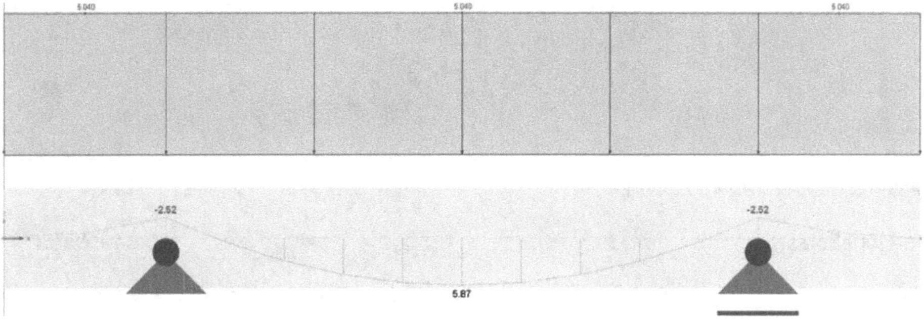

Stützmoment: $M_{Ed,S}$ = -2,52 kNm

Feldmoment: $M_{Ed,F}$ = 5,87 kNm

3. 1. 2 Endzustand

Belastung: g_d = 24,91 kN/m

q_d = 14,4 kN/m

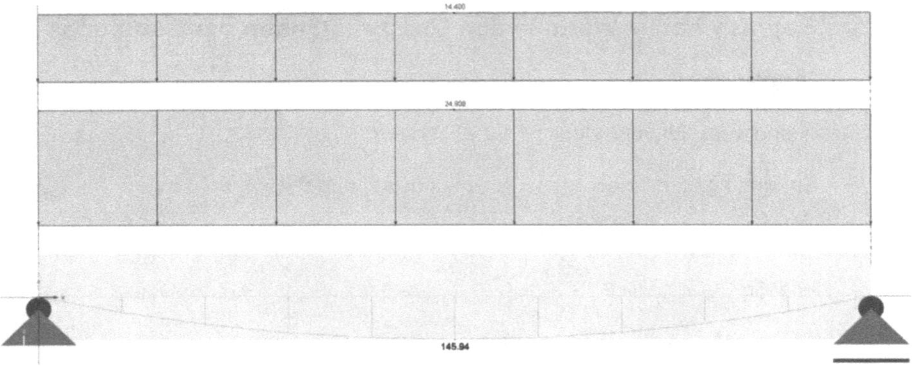

Maximales Biegemoment in Feldmitte: $M_{Ed,F}$ = 145,94 kNm

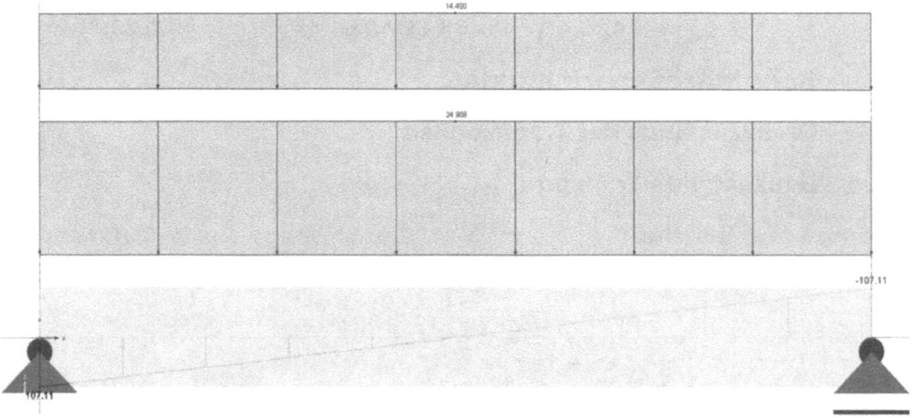

Maximale Querkraft im Auflager: V_{Ed} = ±107,11 kN

Torsionsbelastung: t_{Ed} = 3,34 kNm/m

Maximales Torsionsmoment: T_{Ed} = 3,34 * 5,45/2 = ± 9,1 kNm

3. 2 Grenzzustände der Gebrauchstauglichkeit

Biegebelastung quasi-ständig: e_{perm} = 21,33 kN/m

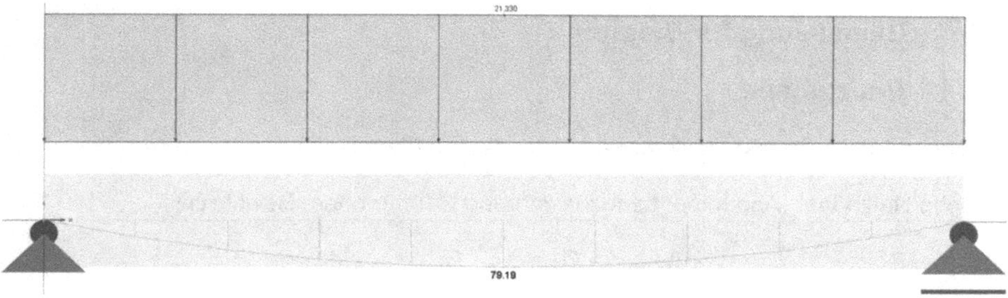

Biegemoment: M_{perm} = 79,19 kNm

4 Bemessung in den Grenzzuständen der Tragfähigkeit

4. 1 Bemessungswerte der Baustoffe

Teilsicherheitsbeiwerte in den Grenzzuständen der Tragfähigkeit:

- Beton γ_C = 1,5

- Betonstahl γ_S = 1,15

Bauzustand:

Annahme: Beim Ersttransport (Herausheben aus der Schalung und Transport im Fertigteilwerk) hat der Beton aufgrund seiner Rezeptur die Frühfestigkeit eines C16/20 erreicht.

Beton C16/20:	f_{ck}	=			16 N/mm²
	f_{cd}	=	1,0 * 16/ 1,5	=	10,7 N/mm²

Endzustand:

Beton C25/30:	f_{ck}	=			25 N/mm²
	f_{cd}	=	0,85 * 25/ 1,5	=	14,2 N/mm²

Allgemein:

Betonstahl B500B:	f_{yk}	=			500 N/mm²
	f_{yd}	=	500/1,15	=	435 N/mm²

4. 2 Bemessung für Biegung

4. 2. 1 Bauzustand

Maßgebend beim Transport: Bemessung der oberen Biegebewehrung:

statische Nutzhöhe: (Annahme: Längsbewehrung Ø10 für obere Bewehrung)

$d = h - c_{V,Bü} - Ø_{Bü} - 0{,}5 * Ø_l$

$= 500 - 20 - 8 - 0{,}5 * 10$

≈ 460 mm

Bemessungsquerschnitt: b / h / d = 0,35 / 0,5 / 0,46 m

Bemessung mit dimensionslosen Beiwerten:

$\mu_{Eds} = M_{Eds} / (b * d^2 * f_{cd})$

$= 0{,}00587 / (0{,}35 * 0{,}46^2 * 10{,}7)$

$= 0{,}0074$

Der Wert für μ_{Eds} ist zu klein, somit wird die Mindestbewehrung maßgebend!

Mindestbewehrung zur Sicherstellung eines duktilen Bauteilverhaltens:

Rissmoment:

$M_{cr} = f_{ctm} * b * h^2 / 6 = 2{,}6 * 10^3 * 0{,}35 * 0{,}5^2 / 6$

$= 37{,}92$ kNm

$A_{S,min} = M_{cr} / (f_{yk} * z) = 37{,}92 / (500 * 10^3 * 0{,}9 * 0{,}46)$

$= 1{,}83$ cm²

Längsbewehrung oben: Betonstabstahl B500B

Gewählt: 3 Ø 10 = 2,36 cm²

> 1,83 cm² = min A_s

4. 2. 2 Endzustand

Bemessung der unteren Biegebewehrung

statische Nutzhöhe:

$d = h - c_{V,l} - 0,5 * Ø_l$

$= 500 - 30 - 0,5 * 20$

$= 460\ mm$

Bemessungsquerschnitt: $b / h / d = 0,35 / 0,5 / 0,46\ m$

Bemessung mit dimensionslosen Beiwerten:

$\mu_{Eds} = 0,14594 / (0,35 * 0,46^2 * 14,2)$

$= 0,139$

Werte für $\mu_{Eds} = 0,139$ interpoliert:

$\omega = 0,1401 +((0,1518 - 0,1401) / (0,14 - 0,13) * (0,139 - 0,13))$

$= 0,1506 \rightarrow \xi = 0,187 \quad x = 0,09m$

$erf\ A_S = \omega * b * d * f_{cd} / \sigma_{sd}$

$= 0,1506 * 35 * 46 * 14,2 / 435$

$= 7,91\ cm^2$

$>$ Mindestbewehrung $min\ A_S = 2,17 cm^2$

Längsbewehrung unten:

Gewählt: 3 Ø 20 $= 9,42\ cm^2$

$> 7,91\ cm^2 = erf\ A_S$

4. 3 Bemessung für Querkraft und Torsion

4. 3. 1 Bemessung für Querkraft

Querkraft am Auflager:

$V_{Ed} = \pm 107,11\ kN$

Der Ermittlung der Querkraftbewehrung darf bei gleichmäßig verteilter Belastung und direkter Auflagerung die Querkraft im Abstand d vom Auflagerrand zugrunde gelegt werden.

$V_{Ed,red}$ = 107,11 - (0,1 + 0,46) * (24,91 + 14,4) = 85,1 kN

Ermittlung der Druckstrebenneigung:

$$1 \leq \cot \theta \leq (1{,}2 + 1{,}4 * \sigma_{cd} / f_{cd}) / (1 - V_{Rd,cc} / V_{Ed}) \leq 3$$

Querkrafttraganteil des Betonquerschnitts:

$V_{Rd,cc}$ = $c * 0{,}48 * f_{ck}^{1/3} * (1 - 1{,}2 * \sigma_{cd} / f_{cd}) * b_w * z$

mit innerem Hebelarm $z = 0{,}9 * d$ = 0,9 * 46 = 41,4 cm

$c = 0{,}5$

$\sigma_{cd} = 0$ (hier: $N_{Ed} = 0$)

$V_{Rd,cc}$ = $0{,}5 * 0{,}48 * 25^{1/3} * (1 - 1{,}2 * 0) * 0{,}35 * 0{,}414$

= 0,102 MN = 102 kN

$\cot \theta$ = 1,2 / (1 - 102 / 85,1) = -6,04

Auf der wirtschaftlichen Seite liegend wird hier $\cot \theta = 3$ gewählt.

Erforderliche Querkraftbewehrung:

erf A_{sw} = $V_{Ed} / (f_{yd} * z * \cot \theta)$

= $0{,}0851 * 10^4 / (435 * 0{,}414 * 3)$

= 1,58 cm²/m

Mindestquerkraftbewehrung:

$A_{sw,min}$ = $\rho_{w,min} * b_w * \sin \alpha$

Mindestschubbewehrungsgrad:

$\rho_{w,min}$ = $0{,}16 * f_{ctm} / f_{yk}$

= 0,16 * 2,6 / 500

= 0,083 %

gewählt: Bügel 90° mit $\sin \alpha = 1{,}0$

$A_{sw,min}$ = 0,083 * 35 = 2,91 cm²/m

> erf A_{sw} = 1,58 cm²/m

Nachweis der Betondruckstrebe:

$V_{Rd,max}$ = $b_w * z * v_1 * f_{cd} / (\cot\theta + \tan\theta)$

$\cot\theta$ = 3

v_1 = 0,75 (Abminderungsbeiwert Druckstrebenfestigkeit)

$V_{Rd,max}$ = 0,35 * 0,414 * 0,75 * 14,2 / (3 + 1/3)

= 0,463 MN

> V_{Ed} = 0,10711 MN → Nachweis erfüllt.

Verhältnis zum Bemessungswert der Querkraft:

$V_{Ed,red}$ = 0,0851 MN = 0,18 $V_{Rd,max}$ < 0,3 $V_{Rd,max}$

nach Tab.NA 9.1 ergibt sich der maximale Bügelabstand zu:

$s_{l,max}$ = 300 mm bzw. 0,7 * h = 420 mm

4. 3. 2 Bemessung für Torsion

Es muss ein "Ersatzhohlkasten" bestimmt werden. Dieser wird durch die Lage der (später) eingebauten Torsionsbewehrung beschrieben (Schubwandbreite abhängig von der Lage der Bewehrung).

Ermittlung der Abmessungen des "Ersatzhohlkasten":

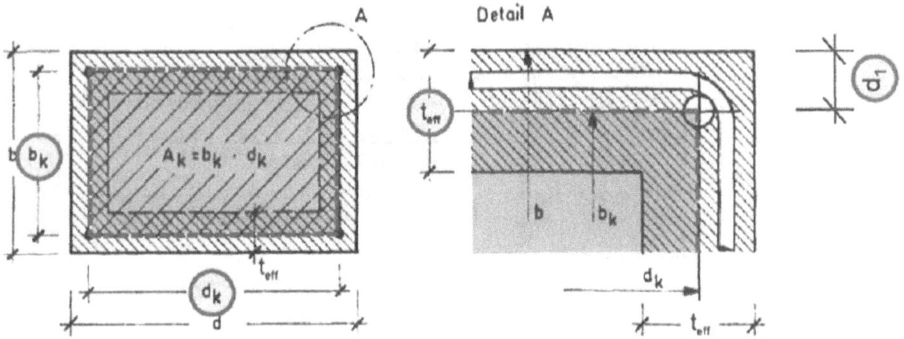

d_1	=	$h - d$	=	4 cm
t_{eff}	=	$2 * d_1$	=	8 cm
b_K	=	$b - t_{eff}$	=	27 cm
d_K	=	$h - t_{eff}$	=	42 cm
A_K	=	$b_K * d_K$	=	0,11 m²
u_K	=	$2 * (b_K + d_K)$	=	1,38 m

Erforderliche Torsionsbügelbewehrung:

Vereinfachend darf die Bewehrung für Torsion allein unter der Annahme von θ = 45° ermittelt und zu der unabhängig ermittelten Querkraftbewehrung addiert werden.

$$\text{erf } A_{sw,T} = T_{Ed} / (f_{yd} * 2A_K * \cot\theta)$$

$$= 10 * 9{,}1 / (435 * 2 * 0{,}11 * 1)$$

$$= 0{,}95 \text{ cm}^2/\text{m}$$

Erforderliche Torsionslängsbewehrung:

$$\text{erf } \sum A_{sl} = (T_{Ed} * \cot\theta * u_K) \;/\; (f_{yd} * 2A_K)$$

$$= 10 * (9{,}1 * 1 * 1{,}38) / (435 * 2 * 0{,}11)$$

$$= 1{,}31 \text{ cm}^2$$

Torsionslängsbewehrung verteilt auf 9 Stäbe:

d.h. 1,31 / 9 = 0,15 cm² je Stab

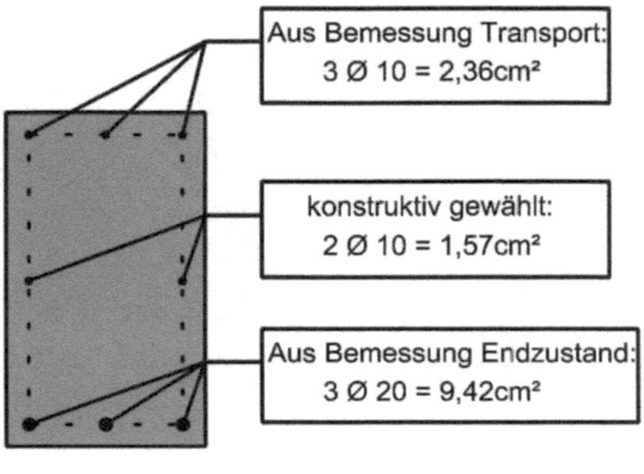

Nachweis der Betondruckstrebe aus Torsionsmoment T_{Ed}:

$T_{Rd,max} = 2 * v * \alpha_{cw} * f_{cd} * A_K * t_{eff} * \sin\theta * \cos\theta$

mit: $v = 0{,}525$ (allgemein für Torsion)

$\alpha_{cw} = 1$

$\theta = 45° \rightarrow \sin 45° * \cos 45° = 0{,}5$

$T_{Rd,max} = 2 * 0{,}525 * 14{,}2 * 0{,}11 * 0{,}08 * 0{,}5$

$= 0{,}066\,MNm = 66kNm > T_{Ed} = 9{,}1kNm$

Nachweis der kombinierten Beanspruchung aus Torsionsmoment und Querkraft:

Die Verhältnisse der Bemessungswerte der Einwirkungen zu den durch die Betondruckstrebentragfähigkeit begrenzten Widerständen für Querkraft und Torsion müssen folgende Interaktionsbedingung erfüllen:

$(T_{Ed} / T_{Rd,max})^2 + (V_{Ed} / V_{Rd,max})^2 \leq 1$

$(9{,}1 / 66)^2 + (107{,}11 / 463)^2$

$= 0{,}07 \leq 1$

$\rightarrow$ Nachweis erfüllt.

4. 3. 3 Bewehrungswahl für Querkraft- und Torsionsbewehrung

Erforderliche Torsionsbewehrung $= 2 * erf\ A_{sw,T}$ (2-schnittige Bügel)

$= 2 * 0{,}95 = 1{,}9\ cm^2/m$

+ erforderliche Querkraftbewehrung $= erf\ A_{sw} = 1{,}58\ cm^2/m$

bzw. Mindestquerkraftbewehrung $= A_{sw,min} = 2{,}91\ cm^2/m$

Konstruktive Regeln:

größter Längsabstand von Querkraftbüglen:

$s_{l,max} = 300\,mm$ bzw. $0{,}7 * h = 420\,mm$

größter Längsabstand der Torsionsbügel:

$s_{l,max} = u / 8 = 1700 / 8 = 212{,}5mm$

Gewählte Querkraft- und Torsionsbewehrung:

Bügel, 2-schnittig: Ø 8 / 150 mm = 6,71 cm²/m

> 4,81 cm²/m = erf A_{sw}

4. 4 Bemessung des ausgeklinkten Auflagers

4. 4. 1 System, Belastung, Betondeckung

System:

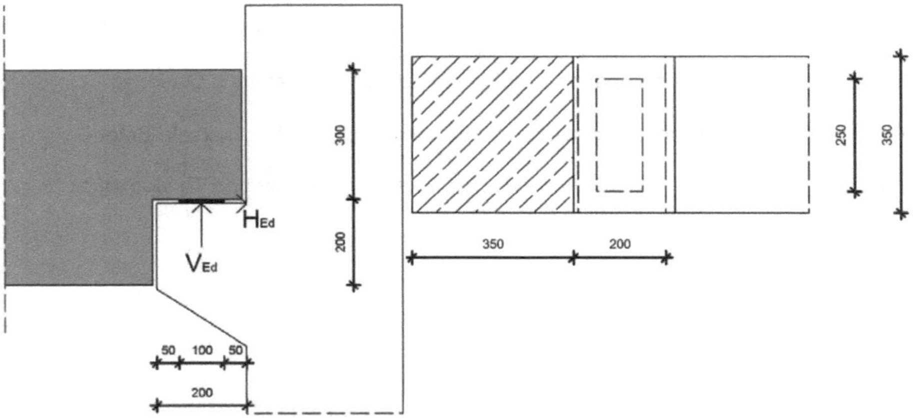

Belastung: V_{Ed} = 107,11 kN

H_{Ed} = 21,42 kN (min H_{Ed} = 0,2 * V_{Ed})

Vorhandene Feldbewehrung: 3 Ø 20 (9,42 cm²)

Betondeckung für Schlaufen: (Annahme: Ø = 12mm)

c_{min} = $c_d \geq 3 * Ø$

$c_{nom,Schlaufe}$ = $3 * Ø + \Delta c$

= 3 * 12 + 10

= 46 mm

4. 4. 2 Bemessung mit Stabwerkmodellen

Stabwerkmodell 1 für Vertikalkraft V_{Ed}:

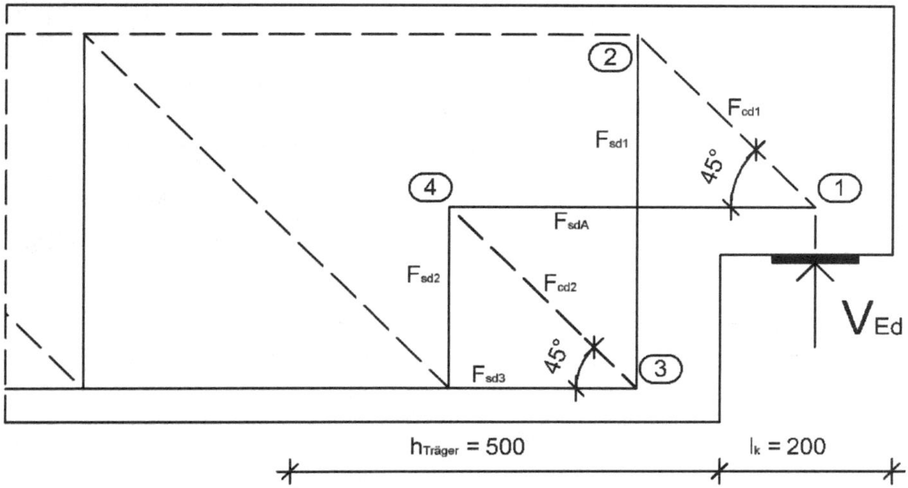

Knoten 1:	F_{sdA}	=	V_{Ed}	=	107,11 kN
	F_{cd1}	=	$V_{Ed} * \sqrt{2}$	=	151,48 kN
Knoten 2:	F_{sd1}	=	V_{Ed}	=	107,11 kN
Knoten 3:	F_{sd3}	=	F_{sd1}	=	107,11 kN
	F_{cd2}	=	$F_{sd1} * \sqrt{2}$	=	151,48 kN
Knoten 4:	F_{sd2}	=	F_{sdA}	=	107,11 kN

Stabwerkmodell 2 für Horizontalkraft H_{Ed}:

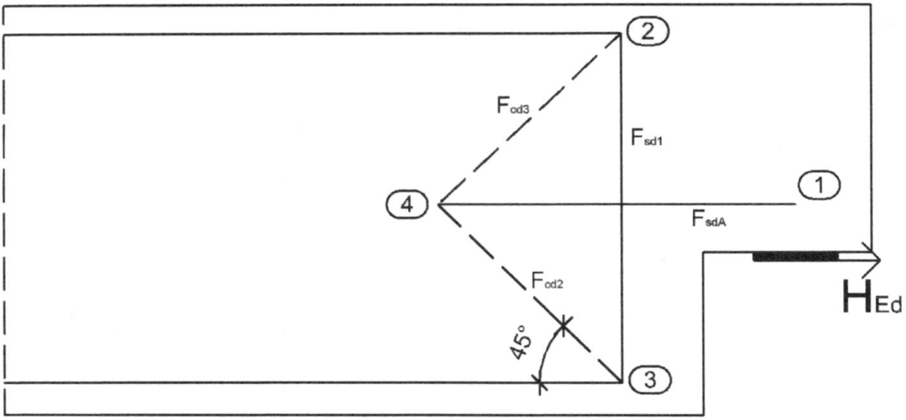

Knoten 1:	F_{sdA} =	H_{Ed} =		21,42 kN
Knoten 4:	F_{cd2} =	$F_{sdA}/2 * \sqrt{2}$ =		15,15 kN
	F_{cd3} =	F_{cd2} =		15,15 kN
Knoten 2:	F_{sd1} =	$F_{cd3} / \sqrt{2}$ =		10,71 kN
	F_{sd3} =	F_{sd1} =		10,71 kN

Kombiniertes Stabwerkmodell: (Modell 1 + Modell 2)

F_{sdA} =	107,11 + 21,42	=	128,53 kN
F_{sd1} =	107,11 + 10,71	=	117,82 kN
F_{sd2} =			107,11 kN
F_{sd3} =	107,11 + 10,71	=	117,82 kN
F_{cd1} =			151,48 kN
F_{cd2} =	151,48 + 15,15	=	166,63 kN

Ermittlung der Bewehrung:

Zugkraft (kN)		erf A_s (cm²)	gewählte Bewehrung
F_{sdA} =	128,53	128,53/43,5 = 2,95	8Ø12 (4 Schlaufen); $A_{S,vorh}$ = 9,05 cm²
F_{sd1} =	117,82	117,82/43,5 = 2,71	4Ø12 (2 Bügel); $A_{S,vorh}$ = 4,52 cm²

F_{sd2} =	107,11	107,11/43,5 = 2,46	4Ø12 (2 Bügel); $A_{S,vorh}$ = 4,52 cm²
			aus Feldbewehrung 3Ø20 (9,42 cm²) :
F_{sd3} =	117,82	117,82/43,5 = 2,71	gewählt: werden verankert mit 8Ø12
			→ 4 Schlaufen ; $A_{S,vorh}$ = 9,05 cm²

Nachweis der Betondruckstrebe am Knoten 1 (Druck-Zug-Knoten):

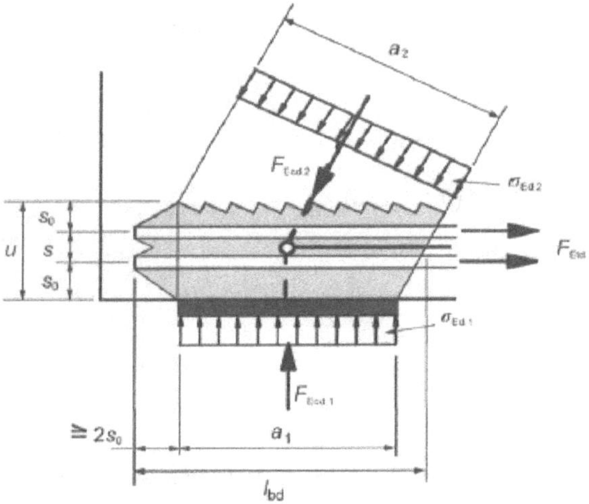

$F_{Ecd,2} = F_{cd1} = 151{,}48$ kN

$\vartheta = 45°$ (zug. Winkel zu $F_{Ecd,2}$)

$a_1 = 10$ cm

Einwirkende Druckspannung:

$\sigma_{Ed,2} = F_{Ecd,2} / (a_2 * b)$

$u = 2 * s_0 + s = 2 * (4{,}6 + 0{,}6) + (1{,}2 + 2)$

$= 13{,}6$ cm

$a_2 = (a_1 + u * \cot \vartheta) * \sin \vartheta$

$= (10 + 13{,}6 * \cot(45°)) * \sin(45°)$

$= 16{,}69$ cm

$b = 0{,}35$ m

$\sigma_{Ed,2} = 151{,}48 * 10^{-3} / (0{,}1669 * 0{,}35)$

$= 2{,}59$ MN/m²

Aufnehmbare Druckspannung:

$\sigma_{Rd,max}$ = 0,75 * v' * f_{cd} = 0,75 * 1 * 14,2

= 10,65 MN/m² > 2,59 MN/m² → Nachweis erfüllt.

Nachweis der Auflagerpressung am Knoten 1 (Druck-Zug-Knoten):

$\sigma_{Ed,1}$ = $F_{Ecd,1}$ / (a_1 * b)

$F_{Ecd,1}$ = V_{Ed} = 107,11 kN

a_1 = 0,1 m

b = 0,35 m

$\sigma_{Ed,1}$ = 107,11 * 10^{-3} / (0,1 * 0,35)

= 3,06 MN/m²

Aufnehmbare Druckspannung:

$\sigma_{Rd,max}$ = 10,65 MN/m² > 3,06 MN/m² → Nachweis erfüllt.

5 Nachweise in den Grenzzuständen der Gebrauchstauglichkeit

5. 1 Begrenzung der Spannungen unter Gebrauchsbedingungen

Nach DIN EN 1992-1-1/ NA dürfen Spannungsnachweise für nicht vorgespannte Tragwerke des üblichen Hochbaus im Allgemeinen entfallen, wenn die Schnittgrößen nach Elastizitätstheorie ermittelt, im Grenzzustand der Tragfähigkeit um nicht mehr als 15% umgelagert wurden und die bauliche Durchbildung nach Abschnitt 9 durchgeführt wird und insbesondere die Festlegung der Mindestbewehrungen eingehalten sind. Diese Bedingungen sind hier eingehalten, somit können die Spannungsnachweise unter Gebrauchsbedingungen entfallen.

5. 2 Grenzzustände der Rissbildung

5. 2. 1 Mindestbewehrung zur Begrenzung der Rissbreite

Bei den vorliegenden Verhältnissen (Herstellung im Fertigteilwerk, Abmessungen, statisches System, Lagerausbildung auf Elastomeren) kann davon ausgegangen werden, dass keine nennenswerte Zwangbeanspruchung auftritt und die Rissschnittgröße nicht erreicht wird. Auf den Nachweis der Mindestbewehrung zur Begrenzung der Rissbreite wird daher verzichtet.

5. 2. 2 Begrenzung der Rissbreite für die vorhandene Bewehrung

Die Anforderungen an die Dauerhaftigkeit und das Erscheinungsbild des Tragwerks gelten bei der hier vorausgesetzten Umweltklasse XC1 als erfüllt, wenn die zulässige Rissbreite w_{max}= 0,4mm unter der quasi-ständigen Einwirkungskombination begrenzt wird.

Bemessungsmoment für quasi-ständige Einwirkungskombination:

M_{perm} = 79,19 kNm

Stahlspannung:

vorh A_S = 9,42 cm² (3 Ø 20)

mit innerem Hebelarm z = 0,9 * d = 0,9 * 46 = 41,4 cm

σ_S = M_{perm} / (z * vorh A_S)

= 0,07919 / (0,414 * 9,42 * 10^{-4})

= 203,06 MN/m²

Wirksame Fläche:

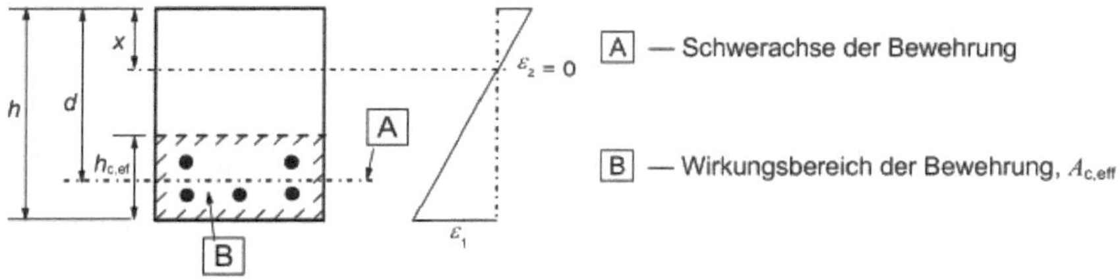

$A_{c,eff} = h_{c,eff} * b_w$

mit $h_{c,eff} = \min \{2{,}5 * d_1 ; (h - x) / 3 ; h/2\}$

$= \min \{2{,}5 * 0{,}04 ; (0{,}5 - 0{,}09) / 3 ; 0{,}5/2\}$

$= 0{,}1$

$A_{c,eff} = 0{,}1 * 0{,}35 = 0{,}035\ m^2$

$w_k = Ø_S / (3{,}6 * \rho_{S,eff}) * [\sigma_S/E_S - k_t * f_{ctm} / (E_S * \rho_{S,eff}) * (1 + \alpha_e * \rho_{S,eff})]$

mit $\rho_{S,eff} = A_S / A_{c,eff}$

$= 9{,}42 * 10^{-4} / 0{,}035$

$= 0{,}027$

$k_t = 0{,}4$

$\alpha_e = E_S / E_{cm} = 6{,}45$

$w_k = 20 / (3{,}6 * 0{,}027) * [203{,}06 / 200000 - 0{,}4 * 2{,}6 / (200000 * 0{,}027) * (1 + 6{,}45 * 0{,}027)]$

$= 0{,}16\ mm \leq 0{,}4\ mm = w_{max}$

→ Nachweis erfüllt.

5. 3 Begrenzung der Verformungen

5. 3. 1 Vereinfachter Nachweis der Biegeschlankheit

Aus der Biegebemessung im Endzustand in 4. 2. 2 mit den gewählten Abmessungen ergibt sich erf A_S = 7,91 cm² und damit:

$\rho = 7{,}91 / (46 * 35) = 0{,}0049 = 0{,}49\ \%$

Zulässige Biegeschlankheit:

Referenzbewehrungsgrad für C25/30:

$\rho_0 = 10^{-3} * \sqrt{25} = 0{,}005 = 0{,}50\ \%$

$l / d = K * [11 + 1{,}5 * \sqrt{f_{ck}} * \rho_0 / \rho + 3{,}2 * \sqrt{f_{ck}} *(\rho_0 / \rho - 1)^{3/2}$

mit $K = 1$ (Einfeldträger)

$\rho' = 0$ (keine Druckbewehrung)

$l / d = 1 * [11 + 1{,}5 * \sqrt{25} * 0{,}5/0{,}49 + 3{,}2 * \sqrt{25} * (0{,}5 / 0{,}49 - 1)^{3/2}]$

$= 18{,}7$

Diese Biegeschlankheit gilt unter der Annahme, dass die Stahlspannung unter der Einwirkungskombination im GZG in einem gerissenen Querschnitt in Feldmitte 310 N/mm² beträgt. Bei geringerer Auslastung dürfen die ermittelten Werte mit 310 / σ_S multipliziert werden. Gewählte Bewehrung: 3 Ø 20 mit 9,42 cm²

Stahlspannung unter der quasi-ständigen Einwirkungskombination:

σ_S = 203,06 N/mm²

310 / σ_S = 1,53

→ zul l / d = 1,53 * 18,7 = 28,61

< K * 35 = 35

vorh l / d = 5450 / 460 = 11,85

< 28,61 = zul l / d

Der vereinfachte Nachweis der Begrenzung der Durchbiegung für den Einfeldbalken gilt damit nach DIN EN 1992-1-1 als erbracht.

Daher darf die Durchbiegungsberechnung entfallen.

6 Bewehrungsführung, bauliche Durchbildung

6. 1 Grundwert der Verankerungslänge

Grundwert: $l_{b,rqd} = (Ø / 4) * (\sigma_{sd} / f_{bd})$

Bemessungswert der Verbundspannung: (abgelesen für C25/30)

Gute Verbundbedingungen: f_{bd} = 2,7 N/mm²

Mäßige Verbundbedingungen f_{bd} = 1,9 N/mm²

Bemessungswert der Stahlspannung: σ_{sd} = 435 N/mm²

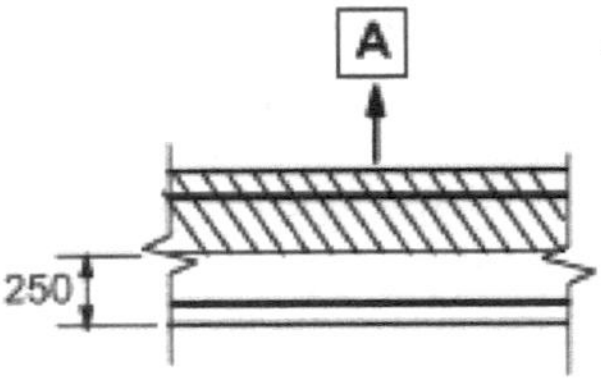

c) h > 250 mm

Bewehrung	Verbund	Ø (mm)	$l_{b,rqd}$ (mm)
Längsbewehrung unten	gut	20	805
Längsbewehrung mittig	gut	10	403
Schlaufen	gut	12	483
Längsbewehrung oben	mäßig	10	572
Bügelbewehrung	mäßig	8	458

6. 2 Verankerung am Endauflager (ausgeklinktes Auflager)

Mindestwert der Verankerungslänge der Schlaufen am Auflager:

$l_{b,min}$ = $0,3 * \alpha_1 * l_{b,rqd} \geq 6,7 * Ø$ (Knoten 1 Stabwerkmodell)

= $0,3 * 0,7 * 483 \geq 6,7 * 12$

= 101 mm > 80mm

Erforderliche Verankerungslänge der Schlaufen am Auflager: (Knoten 1 Stabwerkmodell)

l_{bd} = $\alpha_1 * \alpha_4 * \alpha_5 * l_{b,rqd} * (A_{S,erf} / A_{S,vorh})$

= 0,7 * 1 * 2/3 * 483 * (2,95 / 9,05) (direkte Auflagerung)

= 73,47 mm < $l_{b,min}$ = 101 mm

Die Schlaufen werden um 120mm > l_{bd} hinter die Auflagervorderkante des Elastomerlagers geführt.

Erforderliche Verankerungslänge der Schlaufen im Gurt: (Knoten 3 Stabwerkmodell)

l_{bd} = $\alpha_1 * \alpha_4 * \alpha_5 * l_{b,rqd} * (A_{S,erf} / A_{S,vorh})$

= 0,7 * 1 * 1 * 483 * (2,71 / 9,05)

= 101 mm

Die Bügel, die die vertikale Zugkraft F_{sd1}(siehe 4.4.2) aufnehmen, werden auf einer Länge von 120mm > l_{bd} verteilt.

Mindestwert der Übergreifungslänge zwischen Schlaufen und Feldbewehrung:

$l_{0,min}$ = max {0,3 * α_1 * α_6 * $l_{b,rqd}$; 15 * Ø ; 200mm}

= max {0,3 * 0,7 * 2 * 483 ; 15 * 12 ; 200mm}

= 203 mm

Erforderliche Übergreifungslänge zwischen Schlaufen und Feldbewehrung:

l_0 = α_6 * l_{bd}

l_{bd} = 1 * 1 * 805 * (2,71 / 9,05)

= 241 mm

l_0 = 2 * 241 = 482 mm

Die Schlaufen, die die Zugkraft F_{sd3}(siehe 4.4.2) aufnehmen, werden 500mm über die vorhandene Feldbewehrung geführt.

Position S01: Randstütze

Zu bemessen ist eine Fertigteil – Randstütze, die werkmäßig hergestellt wird. Der Stützenfuß wird mit einem angeformten Blockfundament ausgebildet, während am Stützenkopf ein gelenkig gelagerter Fertigteilbinder aufliegt. Vorwiegend ruhende Einwirkungen, allerdings auch außergewöhnliche Einwirkungen aus Gabelstapleranprall. Der Achsabstand der benachbarten Stützen beträgt 6m.

Baustoffe:	- Beton	C30/37
	- Betonstahl	B500B (hochduktil)

1 System, Bauteilmaße, Betondeckung

1. 1 System

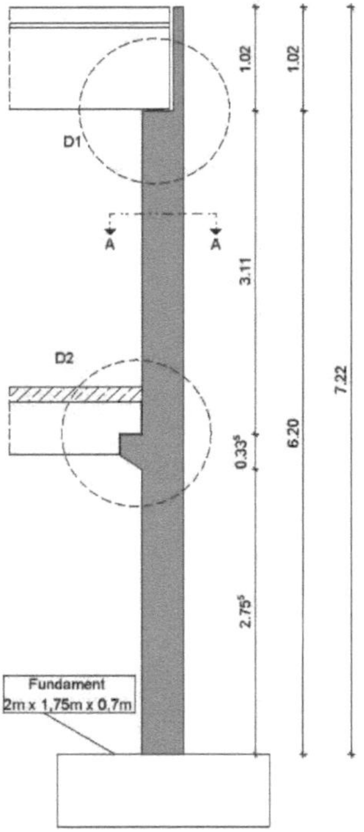

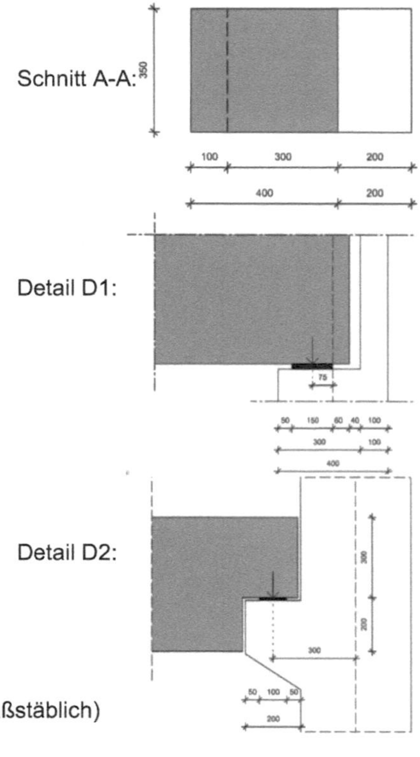

(Darstellung unmaßstäblich)

1. 2 Mindestfestigkeitsklasse, Betondeckung

Expositionsklasse für Bewehrungskorrosion

infolge Karbonatisierung: XC1

Mindestfestigkeitsklasse Beton: C16/20

Gewählt: C30/37 XC1

Betondeckung nach Kriterium der Dauerhaftigkeit:

Mindestbetondeckung	c_{min}	=	10mm
+ Vorhaltemaß	Δc_{dev}	=	10mm
= Nennmaß der Betondeckung	c_{nom}	=	20mm

Betondeckung nach Kriterium des Verbundes: $c_{min,b} \geq$ Stabdurchmesser $\geq$ 10mm

Längsbewehrung Ø25:	$c_{min,b}$= 25mm	Δc_{dev}= 10mm	c_{nom}= 35mm
Bügel Ø8:	$c_{min,b}$= 10mm	Δc_{dev}= 10mm	c_{nom}= 20mm

Daraus ergeben sich als Verlegemaße:

Längsbewehrung Ø25:		$c_{V,l}$ = 35mm
Bügel Ø8:	$c_{V,l} - Ø_{Bü}$ = 35 - 8 ≈ 25	$c_{V,Bü}$= 25mm

2 Einwirkungen

2. 1 Charakteristische Werte

Bezeichnung der Einwirkung	Charakteristische Werte		[kN]
Ständig:			
-Stütze:			
0,4m * 0,35m * 6,2m * 25kN/m³			
+ 0,1m * 0,35m * 1,02m * 25kN/m³	$G_{k,1}$	=	22,59
-vertikale Auflagerkraft des Fertigteilbinders	$G_{k,2}$	=	138,96
-vertikale Auflagerkraft des Fertigteilunterzugs	$G_{k,3}$	=	50,28
Summe:	$\sum G_k$	=	211,83

Veränderlich:

-vertikale Auflagerkraft des Fertigteilbinders			
aus Schnee	$Q_{k,s}$	=	27,85
-vertikale Auflagerkraft des Fertigteilbinders			
aus Wind	$Q_{k,w}$	=	5,36
-vertikale Auflagerkraft des Fertigteilunterzugs			
aus Nutzlast + Trennwandzuschlag	$Q_{k,N+TWZ}$	=	26,16
-Windlast:(Zone 1 (Binnenland), h ≤ 10m, h/d =0,33)			
Druck: 0,5kN/m² * 0,8 * 6m	$q_{k,w,D}$	=	2,4kN/m
Sog: 0,5kN/m² * (-0,5) * 6m	$q_{k,w,S}$	=	-1,5kN/m
-Gabelstapleranprall:(Klasse FL3)(außergewöhnlich)			
5 * (44kN + 25kN)	$A_{k,G}$	=	345

2. 2 Beiwerte in den Grenzzuständen der Tragfähigkeit

2. 2. 1 Ständige und vorübergehende Bemessungssituation

Teilsicherheitsbeiwerte in den Grenzzuständen der Tragfähigkeit:

Einwirkungen	günstige Auswirkungen			ungünstige Auswirkungen		
- ständige	γ_G	=	1	γ_G	=	1,35
- veränderliche	γ_Q	=	0	γ_Q	=	1,5

Für den Bauzustand gilt $\gamma_G = \gamma_Q = 1,15$.

Kombinationsbeiwerte in den Grenzzuständen der Tragfähigkeit:

Bemessungssituation	Schneelast			Windlast			Nutzlast		
ständige und vorübergehende	$\psi_{0,i}$	=	0,5	$\psi_{0,i}$	=	0,6	$\psi_{0,i}$	=	0,7

allgemeine Grundkombination:

$$E_d = \gamma_G * G_k + \gamma_{Q,1} * Q_{k,1} + \sum(\gamma_{Q,i} * \psi_{0,i} * Q_{k,i})$$

2. 2. 2 Außergewöhnliche Bemessungssituation

Teilsicherheitsbeiwerte in den Grenzzuständen der Tragfähigkeit:

Einwirkungen	günstige Auswirkungen	ungünstige Auswirkungen
- ständige	$\gamma_{GA} = 1$	$\gamma_{GA} = 1$
- veränderliche	$\gamma_{QA} = 0$	$\gamma_{QA} = 1$

Kombinationsbeiwerte in den Grenzzuständen der Tragfähigkeit:

Bemessungssituation	Schneelast	Windlast	Nutzlast
außergewöhnliche	$\psi_{1,i} = 0{,}2$	$\psi_{1,i} = 0{,}2$	$\psi_{1,i} = 0{,}5$
	$\psi_{2,i} = 0$	$\psi_{2,i} = 0$	$\psi_{2,i} = 0{,}3$

allgemeine Grundkombination:

$$E_{dA} = \gamma_{GA} * G_k + A_d + \gamma_{QA,1} * \psi_{1,1} * Q_{k,1} + \sum(\gamma_{QA,i} * \psi_{2,i} * Q_{k,i})$$

2. 3 Repräsentative Werte in den Grenzzuständen der Gebrauchstauglichkeit

Kombinationsbeiwerte in den Grenzzuständen der Gebrauchstauglichkeit:

Bemessungssituation	Schneelast	Windlast	Nutzlast
ständige und vorübergehende	$\psi_{2,i} = 0$	$\psi_{2,i} = 0$	$\psi_{2,i} = 0{,}3$

quasi-ständige Einwirkungskombination:

$$E_{perm} = G_k + \sum(\psi_{2,i} * Q_{k,i})$$

Bemessungswerte:

$$M_{perm} = 138{,}96kN * 0{,}075m + 50{,}28kN * 0{,}3m + 0{,}3 * 26{,}16kN * 0{,}3m = 27{,}86\ kNm$$

häufige Einwirkungskombination: (Wind als Leiteinwirkung)

$$E_{frequ} = G_k + \psi_{1,1} * Q_{k,1} + \sum(\psi_{2,i} * Q_{k,i})$$

Bemessungswerte:

M_{frequ} = 27,86kNm + 0,2 *(5,36kN * 0,075m + 0,5 * 2,4kN/m * (7,22m)²) + 0,3 * 26,16kN * 0,3m = 42,81 kNm

3 Schnittgrößenermittlung

3. 1 Grenzzustände der Tragfähigkeit

3. 1. 1 Bauzustand - Transport

Die Stütze wird mit einem angeformten Fundament hergestellt und liegend transportiert.

Deswegen wird die Stütze für den Bauzustand als Balken bemessen.

Die Auflagerpunkte wurden in 1m Abstand zum Bauteilende angeordnet.

Belastung:

Eigenlast Stütze: $g_{d,Stütze}$ = 1,15 * 0,35m * 0,4m * 25kN/m³ = 4,03 kN/m

Eigenlast Fundament: $G_{d,Fundament}$ = 1,15 * 2m * 1,75m * 0,7m * 25kN/m³ = 70,44 kN

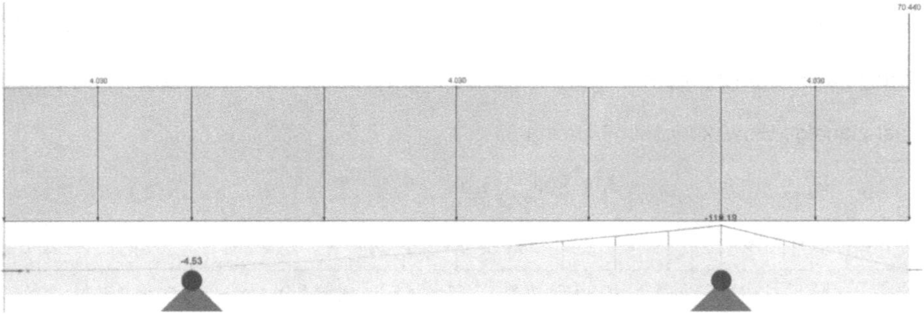

Stützmoment: $M_{Ed,S}$ = -110,19 kNm

3. 1. 2 Endzustand

Charakteristische Schnittgrößen:

- aus ständigen Lasten:	N_{Gk}	=	-211,83 kN
	M_{Gk}	=	138,96kN * 0,075m + 50,28kN * 0,3m
		=	25,51 kNm
- aus Schneelasten:	N_{sk}	=	-27,85 kN
	M_{sk}	=	27,85kN * 0,075m
		=	2,09 kNm
- aus Windlasten:	N_{wk}	=	-5,36 kN
	M_{wk}	=	5,36kN * 0,075m + 2,4kN/m * $(7{,}22m)^2 / 2$
		=	62,96 kNm
- aus Nutzlasten:	N_{Nk}	=	-26,16 kN
	M_{Nk}	=	26,16kN * 0,3m
		=	7,85 kNm
- aus Gabelstapleranprall:	N_{Ak}	=	0 kN
	M_{Ak}	=	(-345kN) * 1,05m
		=	-362,25 kNm

Die statische Ersatzlast für den Gabelstapleranprall greift nach DIN EN 1991-1-7,4.4 in 0,75m Höhe über dem Fußboden an. Die Dicke der Bodenplatte wurde dafür mit 30cm abgeschätzt.

Bemessungsschnittgrößen - ständige und vorübergehende Bemessungssituation

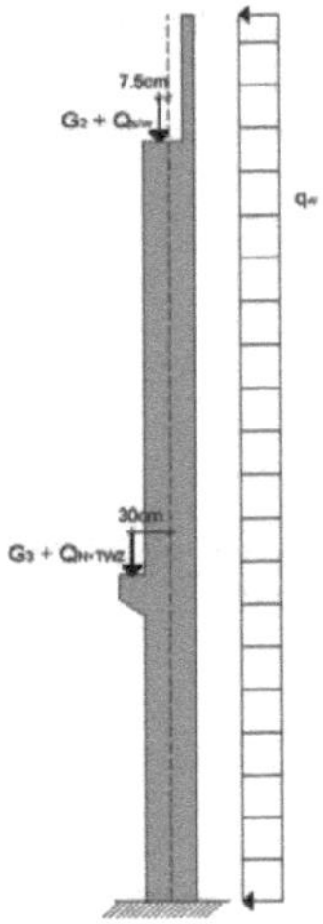

Lastkombination 1: <u>größte Normalkraft</u> und zugehöriges Biegemoment

→ Leiteinwirkung Schnee

N_{Ed} = 1,35 * (-211,83) + 1,5 * (-27,85) + 1,5 * 0,6 * (-5,36)

+ 1,5 * 0,7 * (-26,16) = -360,04 kN

M_{Ed} = 1,35 * 25,51 + 1,5 * 2,09 + 1,5 * 0,6 * 62,96

+ 1,5 * 0,7 * 7,85 = 102,48 kNm

e_0 = M_{Ed} / N_{Ed} = 102,48 / 360,04

= 0,285 m

Lastkombination 2: <u>kleinste Normalkraft</u> und zugehöriges Biegemoment

→ Leiteinwirkung Wind (G, Q_{N+TWZ}, Q_S und wirken günstig!)

N_{Ed} = 1,0 * (-211,83) + 1,5 * (-5,36) + 0 * 0,5 * (-27,85) + 0 * 0,7 * (-26,16)

= -219,87 kN

M_{Ed} = 1,0 * 25,51 + 1,5 * 62,96 + 0 * 0,5 * 2,09 + 0 * 0,7 * 7,85

= 119,5 kNm

e_0 = M_{Ed} / N_{Ed} = 119,5 / 219,87

= 0,544 m

Lastkombination 3: <u>größtes Biegemoment</u> + zugehörige Normalkraft

→ Leiteinwirkung Wind

N_{Ed} = 1,35 * (-211,83) + 1,5 * (-5,36) + 1,5 * 0,5 * (-27,85) +

1,5 * 0,7 * (-26,16)

= -342,37 kN

M_{Ed} = 1,35 * 25,51 + 1,5 * 62,96 + 1,5 * 0,5 * 2,09 + 1,5 * 0,7 * 7,85

= 138,69 kNm

e_0 = M_{Ed} / N_{Ed} = 138,69 / 342,37

= 0,405 m

Bemessungsschnittgrößen - außergewöhnliche Bemessungssituation

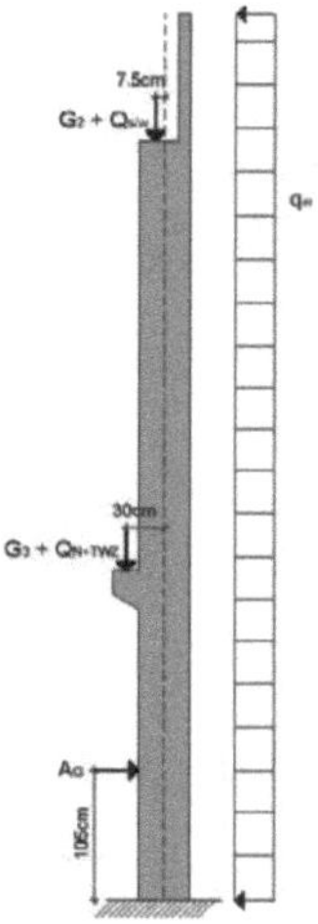

Lastkombination 1: <u>größte Normalkraft</u> und zugehöriges Biegemoment

→ Leiteinwirkung Schnee

N_{Ed} = 1,0 * (-211,83) + 1,0 * 0,2 * (-27,85) + 1,0 * 0 * (-5,36) + 1,0 * 0,3 * (-26,16) = -225,25 kN

M_{Ed} = 1,0 * 25,51 + (-362,25) + 1,0 * 0,2 * 2,09 + 1,0 * 0 * 62,96 + 1,0 * 0,3 * 7,85 = -333,97 kN

e_0 = M_{Ed} / N_{Ed} = 333,97 / 225,25

= 1,483 m

Lastkombination 2: <u>kleinste Normalkraft</u> und zugehöriges Biegemoment

→ Alle Lasten wirken günstig, außer Gabelstapleranprall!

N_{Ed} = 1,0 * (-211,83) + 0 * 0,2 * (-5,36) + 0 * 0 * (-27,85) + 0 * 0,3 * (-26,16)

= -211,83 kN

M_{Ed} = 1,0 * 25,51 + (-362,25) + 0 * 0,2 * 62,96 + 0 * 0 * 2,09 + 0 * 0,3 * 7,85

= -336,74 kNm

e_0 = M_{Ed} / N_{Ed} = 336,74 / 211,83

= 1,59 m

Lastkombination 3: <u>größtes Biegemoment</u> + zugehörige Normalkraft

→ Alle Lasten wirken günstig, außer Gabelstapleranprall!

N_{Ed} = 1,0 * (-211,83) + 0 * 0,2 * (-27,85) + 0 * 0 * (-5,36) + 0 * 0,3 * (-26,16)

= -211,83 kN

M_{Ed} = 1,0 * 25,51 + (-362,25) + 0 * 0,2 * 2,09 + 0 * 0 * 62,96 + 0 * 0,3 * 7,85

= -336,74 kNm

e_0 = M_{Ed} / N_{Ed} = 336,74 / 211,83

= 1,59 m

4 Bemessung in den Grenzzuständen der Tragfähigkeit

4. 1 Bemessungswerte der Baustoffe

Teilsicherheitsbeiwerte in den Grenzzuständen der Tragfähigkeit:

- Beton γ_C = 1,5
- Betonstahl γ_S = 1,15

Bauzustand:

Annahme: Beim Ersttransport (Herausheben aus der Schalung und Transport im Fertigteilwerk) hat der Beton aufgrund seiner Rezeptur die Frühfestigkeit eines C16/20 erreicht.

Beton C16/20:	f_{ck}	=			16 N/mm²
	f_{cd}	=	1,0 * 16/ 1,5	=	10,7 N/mm²

Endzustand:

Beton C30/37:	f_{ck}	=			30 N/mm²
	f_{cd}	=	0,85 * 30 / 1,5	=	17 N/mm²

Allgemein:

Betonstahl B500B:	f_{yk}	=			500 N/mm²
	f_{yd}	=	500 / 1,15	=	435 N/mm²

4. 2 Bemessung für Biegung im Bauzustand

statische Nutzhöhe:

d = h - $c_{V,Bü}$ - $Ø_{Bü}$ - 0,5 * $Ø_l$

= 400 - 25 - 10 - 0,5 * 25

≈ 350 mm

Bemessungsquerschnitt: $b / h / d = 0{,}35 / 0{,}4 / 0{,}35\ m$

Bemessung mit dimensionslosen Beiwerten:

$\mu_{Eds} = M_{Eds} / (b * d^2 * f_{cd})$

$= 0{,}11019 / (0{,}35 * 0{,}35^2 * 10{,}7)$

$= 0{,}24$

$\rightarrow \omega = 0{,}2804$

$erf\ A_S = \omega * b * d * f_{cd} / \sigma_{sd}$

$= 0{,}2804 * 35 * 35 * 10{,}7 / 435$

$= 8{,}45\ cm^2$

Mindestbewehrung zur Sicherstellung eines duktilen Bauteilverhaltens:

Rissmoment:

$M_{cr} = f_{ctm} * b * h^2 / 6 = 2{,}9 * 10^3 * 0{,}35 * 0{,}4^2 / 6$

$= 27{,}07\ kNm$

$A_{S,min} = M_{cr} / (f_{yk} * z) = 27{,}07 * 10 / (500 * 0{,}9 * 0{,}35)$

$= 1{,}72\ cm^2 < erf\ A_S$

Längsbewehrung oben: Betonstabstahl B500B

Gewählt: 2 Ø 25 $= 9{,}82\ cm^2$

$> 8{,}45\ cm^2 = erf\ A_S$

Da es sich bei dem Bauteil um eine Stütze und keinen Balken handelt wird die gewählte Bewehrung oben und unten angeordnet.

4. 3 Bemessung im Endzustand mit dem Verfahren mit Nenn-krümmung

4. 3. 1 Knicklänge und Schlankheit der Stütze

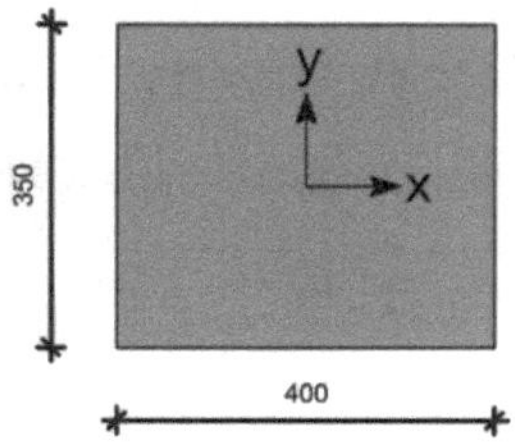

Knicklänge (x- und y-Achse analog):

$l_0 = \beta * l_{col}$

mit: l_{col} = 6,2m (Höhe Binderauflager)

β = 2 (Eulerfall für Kragstütze mit starrem Fundament)

l_0 = 2 * 6,2 = 12,4 m

Schlankheit für Biegung um die y-Achse:

$\lambda = l_0 / i$

mit: $i = h / \sqrt{12} = 0{,}4 / \sqrt{12} = 0{,}12\,m$

$\lambda_y = 12{,}4 / 0{,}12$

$= 103{,}33$

Schlankheit für Biegung um die x-Achse:

$\lambda = l_0 / i$

mit: $i = h / \sqrt{12} = 0{,}35 / \sqrt{12} = 0{,}1\,m$

$\lambda_x = 12{,}4 / 0{,}1$

$= 124$

Grenzwert für Berechnung nach Theorie II. Ordnung:

$n = N_{Ed} / (A_c * f_{cd}) = 0{,}36004 / (0{,}35 * 0{,}4 * 17)$

$= 0{,}151$

Grenzwert der Schlankheit für schlanke Druckglieder:

$\lambda_{lim} = 16 / \sqrt{n}$ für $n < 0{,}41$

$= 16 / \sqrt{0{,}151} = 41{,}17 <$ vorh $\lambda = 103{,}33$

Der Stab gilt somit als schlankes Druckglied und ist auf die Einflüsse nach Theorie II.

Ordnung zu untersuchen.

4. 3. 2 Imperfektionen

Planmäßige Ausmitte nach Theorie I. Ordnung:

$e_0 = M_{Ed} / N_{Ed}$ (siehe Schnittgrößenermittlung 3.1.2)

Ungewollte Ausmitte nach Theorie I. Ordnung (x- und y-Achse analog):

$e_i = \theta_i * l_0 / 2$

mit: $\theta_i = \theta_0 * \alpha_h * \alpha_m$

$\theta_0 = 1 /200$

$\alpha_h = 2 / \sqrt{l} = 2 / \sqrt{6,2}$

$= 0,816 < 1$

$\alpha_m = 1$ (Einzelstütze)

$e_i = 1/200 * 0,816 * 1 * 12,4 / 2$

$= 0,0253\,m$

Ausmitte aus Systemverformung nach Theorie II. Ordnung für Biegung um die y-Achse:

$e_2 = K_1 * 1 / r_0 * (l_0)^2 / c$

mit: $c = 10$ (bei konstanten Querschnitten)

$K_1 = 1$ für $\lambda > 35$

$1/r_0 = K_r * K_\varphi * \varepsilon_{yd} / (0,45 * d)$

$\varepsilon_{yd} = f_{yd} / E_S = 435 / 200000 = 2,175‰$

$d = 0,35\,m$

$K_r = 1$ (auf der sicheren Seite)

$K_\varphi = 1 + \beta * \varphi_{ef}$

$\beta = 0,35 + f_{ck}/200 - \lambda/150 \geq 0$

$= 0,35 + 30 / 200 - 103,33 / 150$

$= -0,189 < 0$

$K_\varphi = 1$

$e_{2,y} = 1 * 1 * 1 * 2,175 * 10^{-3} / (0,45 * 0,35) * 12,4^2 / 10$

$= 0,212\,m$

Ausmitte aus Systemverformung nach Theorie II. Ordnung für Biegung um die x-Achse:

$e_2 = K_1 * 1 / r_0 * (l_0)^2 / c$

mit: $c = 10$ (bei konstanten Querschnitten)

$K_1 = 1$ für $\lambda > 35$

$1/r_0 = K_r * K_\varphi * \varepsilon_{yd} / (0{,}45 * d)$

$\varepsilon_{yd} = f_{yd} / E_S = 435 / 200000 = 2{,}175‰$

$d = 0{,}3\,m$

$K_r = 1$ (auf der sicheren Seite)

$K_\varphi = 1 + \beta * \varphi_{ef}$

$\beta = 0{,}35 + f_{ck}/200 - \lambda/150 \geq 0$

$= 0{,}35 + 30 / 200 - 124 / 150$

$= -0{,}33 < 0$

$K_\varphi = 1$

$e_{2,x} = 1 * 1 * 1 * 2{,}175 * 10^{-3} / (0{,}45 * 0{,}3) * 12{,}4^2 / 10$

$= 0{,}248\,m$

4. 3. 3 Bemessung der Stütze für Biegung mit Längskraft (y-Achse)

Die Bemessung für die verschiedenen Lastfälle erfolgt tabellarisch:

	Einheit	ständig und vorübergehend			außergewöhnlich		
		LK1	LK2	LK3	LK1	LK2	LK3
N_{Ed}	[kN]	-360,04	-219,87	-342,37	-225,25	-211,83	-211,83
$M_{Ed} = e_0 * N_{Ed}$	[kNm]	102,48	119,5	138,69	-333,97	-336,74	-336,74
$e_0 = M_{Ed} / N_{Ed}$	[m]	0,285	0,544	0,405	1,483	1,59	1,59
e_i	[m]	0,0253	0,0253	0,0253	0,0253	0,0253	0,0253
e_2	[m]	0,212	0,212	0,212	0,212	0,212	0,212

$(e_0 + e_i + e_2)$	[m]	0,522	0,781	0,642	1,720	1,827	1,827
$M_{Ed} = (e_0+e_i+e_2)*N_{Ed}$	[kNm]	187,94	171,72	219,8	387,43	387,01	387,01
$v_{Ed} = N_{Ed}/(b * h * f_{cd})$	[-]	-0,151	-0,092	-0,144	-0,095	-0,089	-0,089
$\mu_{Ed} = M_{Ed}/(b *h^2 *f_{cd})$	[-]	0,2	0,18	0,23	0,41	0,41	0,41
ω_{tot} für $d_1/h = 0,1$	[-]	0,33	0,35	0,4	0,9	0,9	0,9
$A_{S,tot} = \omega*b*h*f_{cd}/f_{yd}$	[cm²]	18,06	19,15	21,89	**49,24**	49,24	49,24

(Nach Interaktionsdiagramm für Rechteckquerschnitte mit symmetrischer Bewehrungsanordnung und $d_1/h= 0,1$)

Gewählte Längsbewehrung: Betonstabstahl B500B

12 Ø 25 = 58,9 cm²

> 49,24 cm² = erf A_S

Darstellung der Bewehrung für Biegung mit Längskraft um die y-Achse:

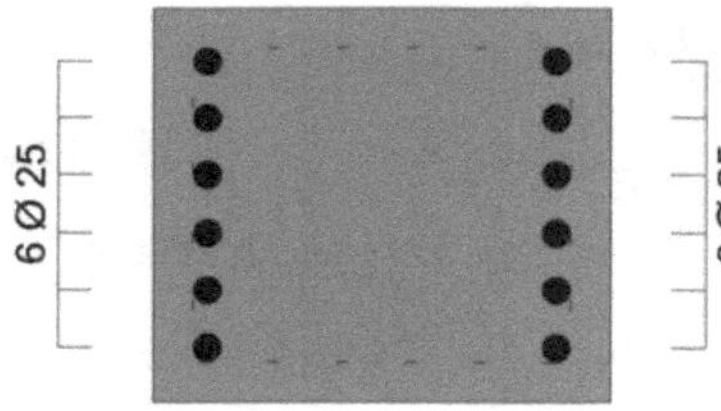

4. 3. 4 Bemessung der Stütze für Biegung mit Längskraft (x-Achse)

Für die hier betrachtete Achse gibt es keine horizontale Belastung (Wind) oder Exzentrizitäten der vertikalen Lasten.

Die Bemessung für die verschiedenen Lastfälle erfolgt tabellarisch:

	Einheit	ständig und vorübergehend			außergewöhnlich		
		LK1	LK2	LK3	LK1	LK2	LK3
N_{Ed}	[kN]	-360,04	-219,87	-342,37	-225,25	-211,83	-211,83
$M_{Ed} = e_0 * N_{Ed}$	[kNm]	0	0	0	-362,25	-362,25	-362,25

$e_0 = M_{Ed} / N_{Ed}$	[m]	0	0	0	1,61	1,71	1,71
e_i	[m]	0,0253	0,0253	0,0253	0,0253	0,0253	0,0253
e_2	[m]	0,248	0,248	0,248	0,248	0,248	0,248
$(e_0 + e_i + e_2)$	[m]	0,273	0,273	0,273	1,883	1,983	1,983
$M_{Ed} = (e_0+e_i+e_2)*N_{Ed}$	[kNm]	98,29	60,02	93,47	424,15	420,06	420,06
$v_{Ed} = N_{Ed}/(b * h * f_{cd})$	[-]	-0,15	-0,09	-0,14	-0,09	-0,09	-0,09
$\mu_{Ed} = M_{Ed} /(b *h^2 *f_{cd})$	[-]	0,12	0,07	0,11	0,51	0,5	0,5
ω_{tot} für $d_1/h = 0,1$	[-]	0,15	0,05	0,15	1,15	1,12	1,12
$A_{S,tot} = \omega*b*h*f_{cd}/f_{yd}$	[cm²]	8,21	2,74	8,21	**62,92**	61,28	61,28

(Nach Interaktionsdiagramm für Rechteckquerschnitte mit symmetrischer Bewehrungs-anordnung und $d_1/h= 0,1$)

Gewählte Längsbewehrung: Betonstabstahl B500B

14 Ø 25 = 65,19 cm²

\> 62,92 cm² = erf A_S

Darstellung der Bewehrung für Biegung mit Längskraft um die x-Achse:

4. 4 Bemessung der Stützenkopfverlängerung für Biegung

statische Nutzhöhe:

$$d = h - c_{V,Bü} - Ø_{Bü} - 0,5 * Ø_l$$

$$= 100 - 25 - 10 - 0,5 * 25$$

$$\approx 53 \text{ mm}$$

Bemessungsquerschnitt: b / h / d = 0,35 / 0,1 / 0,053 m

Belastung:(Wind) M_{Ed} = 1,5 * 2,4kN/m * (1,02m)² / 2

= 1,87 kNm

Bemessung mit dimensionslosen Beiwerten:

μ_{Eds} = M_{Eds} / (b * d² * f_{cd})

= 0,00187 / (0,35 * 0,053² * 17)

= 0,112

Werte für μ_{Eds} = 0,112 interpoliert:

→ ω = 0,117 +((0,1285 - 0,117) / (0,12 - 0,11) * (0,112 - 0,11))

= 0,1182

erf A_S = ω * b * d * f_{cd} / σ_{sd}

= 0,1182 * 35 * 5,3 * 17 / 435

= 0,86 cm² < $A_{S,min}$ = 1,72 cm²

Gewählte Längsbewehrung: Betonstabstahl B500B

beidseitig 2 Ø 12 = 2,26 cm²

> 1,72 cm² = $A_{S,min}$

Darstellung der Bewehrung für die Stützenkopfverlängerung:

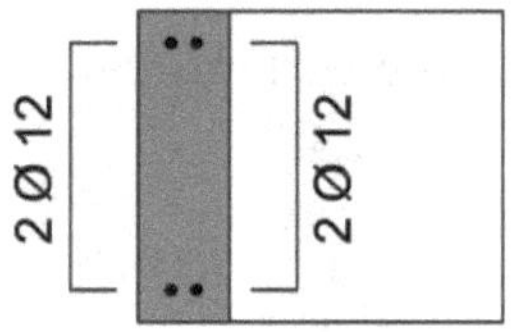

4. 5 Bemessung der Konsole

4. 5. 1 System, Belastung, Betondeckung

System:

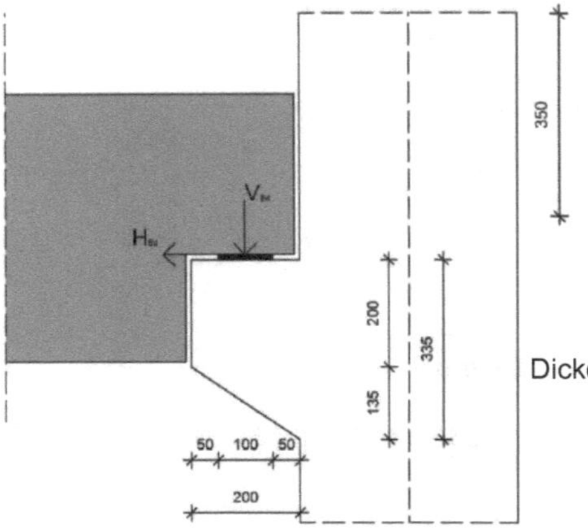

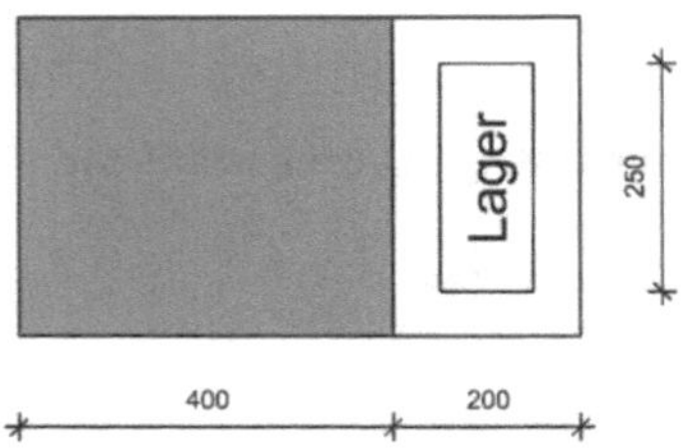

Dicke des Elastomerlagers:

d_{lager} = 20mm

Belastung: V_{Ed} = 107,11 kN

H_{Ed} = 21,42 kN (min $H_{Ed} = 0{,}2 * V_{Ed}$)

Betondeckung für Schlaufen: (Annahme: Ø = 12mm)

c_{min} = $c_d \geq 3 * Ø$

$c_{nom,Schlaufe}$ = $3 * Ø + \Delta c$

= $3 * 12 + 10$

= 46 mm

4. 5. 2 Bemessung am Stabwerkmodell

Stabwerkmodell:

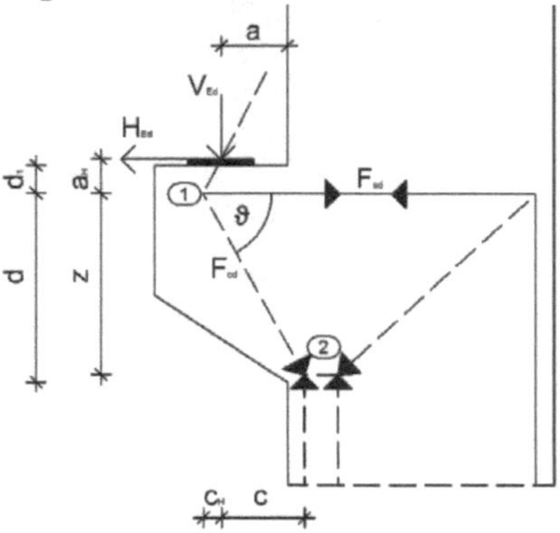

Bestimmung der geometrischen Größen:

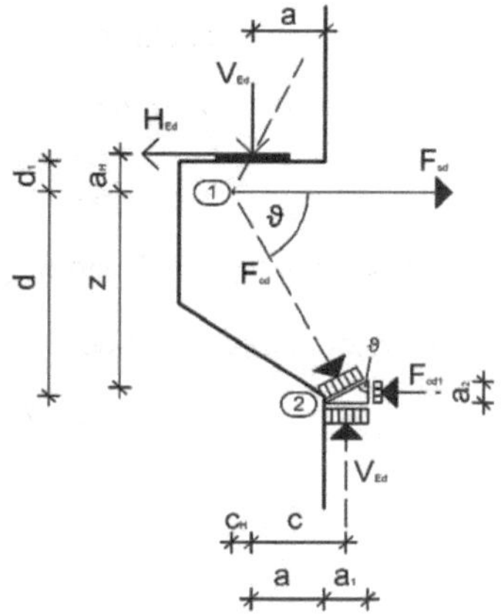

d_1 : Abstand Betonrand zur Achse der Zugbewehrung

Annahme: 3 Schlaufen Ø 12

$d_1 = c_{nom,Schlaufe} + Ø + 2 + 0{,}5 * Ø$

$= 4{,}6 + 1{,}2 + 2 + 0{,}5 * 1{,}2$

$= 8{,}4$ cm

a : Abstand der vertikalen Last zum Stützenrand

$a = 5 + 0{,}5 * 10$

$= 10$ cm

a_1 : Breite der Druckfläche (siehe Skizze)

$a_1 = V_{Ed} / (b * f_{cd}) = 0{,}10711 / (0{,}35 * 17)$

$= 0{,}018$ m $= 1{,}8$ cm

d : Abstand der horizontalen Zugkraft F_{sd} zur Unterkante der Konsole

$d = h - d_1 = 33{,}5 - 8{,}4$

$= 25{,}1$ cm

a_H : Abstand der horizontalen Zugkraft F_{sd} zur Oberkante des Lagers

$a_H = d_1 + d_{Lager} = 8{,}4 + 2$

$= 10{,}4$ cm

$c + c_H$: Horizontaler Abstand zwischen Knoten 1 und 2

$c + c_H = a + 0{,}5 * a_1 + a_H * H_{Ed} / V_{Ed}$

$= 10 + 0{,}5 * 1{,}8 + 10{,}4 * 21{,}42 / 107{,}11$

$= 12{,}98$ cm

a_2 : Breite der Druckfläche(siehe Skizze),Berechnung über die Ähnlichkeit der Dreiecke

$a_2 / a_1 = (c + c_H) / z = (c + c_H) / (d - a_2/2)$

$\rightarrow\ a_2 \quad = \quad d - \sqrt{(d^2 - 2 * a_1 * (c + c_H))} \quad = \quad 25{,}1 - \sqrt{(25{,}1^2 - 2 * 1{,}8 * 12{,}98)}$

$\quad = \quad 0{,}95\ \text{cm}$

z : Innerer Hebelarm zwischen F_{sd} und F_{cd1}

$z \quad = \quad d - 0{,}5 * a_2 \quad = \quad 25{,}1 - 0{,}5 * 0{,}95$

$\quad = \quad 24{,}63\ \text{cm}$

Ermittlung der Zugkraft F_{sd} im Stabwerkmodell:

Aus dem Momentengleichgewicht am Knoten 2 ergibt sich F_{sd} zu:

$F_{sd} \quad = \quad (V_{Ed} * c + H_{Ed} * (a_H + z)) / z$

$\quad = \quad (107{,}11 * 10{,}9 + 21{,}42 * (10{,}4 + 24{,}63)) / 24{,}63$

$\quad = \quad 77{,}87\ \text{kN}$

Erforderliche Bewehrung:

$\text{erf } A_S \quad = \quad F_{sd} / f_{yd} \quad = \quad 77{,}87 / 43{,}5$

$\quad = \quad 1{,}79\ \text{cm}^2$

Gewählt:

3 Schlaufen Ø 12 $\quad = \quad 6{,}79\ \text{cm}^2$

$\quad > \quad 1{,}79\ \text{cm}^2 \quad = \quad \text{erf } A_S$

Nachweis der Tragfähigkeit der Betondruckstrebe:

$\tan \vartheta \quad = \quad z / (c + c_H)$

$\quad = \quad 24{,}63 / 12{,}98 \quad = \quad 1{,}9$

$\cot \vartheta \quad = \quad 1 / 1{,}9$

$\quad = \quad 0{,}53$

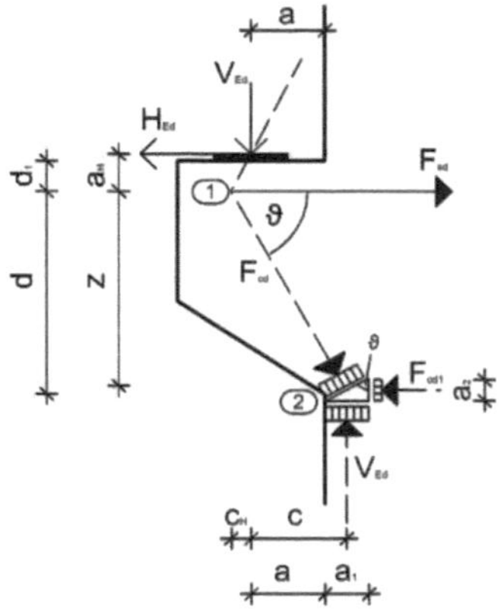

$_{Rd,\,max}$ = $(b * z * \alpha_{cw} * v_1 * f_{cd}) / (\tan \vartheta + \cot \vartheta)$

= $(0{,}35 * 0{,}246 * 1 * 0{,}75 * 17) / (1{,}9 + 0{,}53)$

= 0,452 MN > $_{Ed}$ = 0,107 MN

→ Nachweis erfüllt.

Nachweis der Betondruckspannung am Knoten 2:

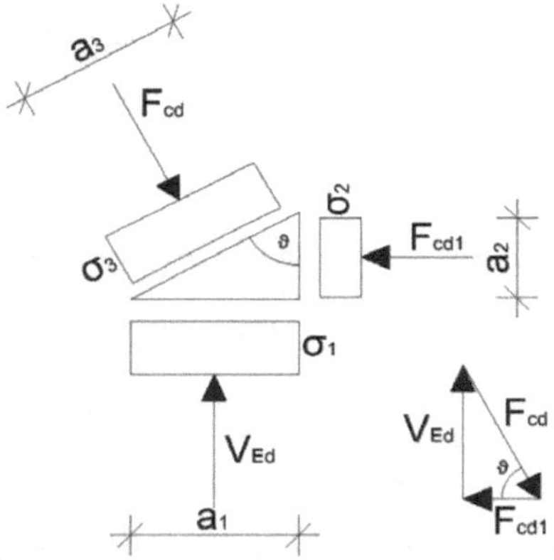

F_{cd1} = $_{Ed} / \tan \vartheta$

F_{cd} = $_{Ed} / \sin \vartheta$

a_2 = $a_1 / \tan \vartheta$

a_3 = $a_1 / \tan \vartheta$

Spannungen:

σ_1 = $_{Ed} / (b * a_1)$

= $107{,}11 / (35 * 1{,}8)$

= 1,7 kN/cm²

σ_2 = $F_{cd1} / (b * a_2)$

= $_{Ed} / (b * a_1)$ = σ_1

σ_3 = $F_{cd} / (b * a_3)$ = σ_1

→ $\sigma_1 = \sigma_2 = \sigma_3$ = 1,7 kN/cm ≤ f_{cd} = 1,7 kN/cm²

→ Nachweis erfüllt.

Nachweis der Auflagerpressung unter V_{Ed}: (Druck-Zug-Knoten)

σ_c = $_{Ed} / (a_L * b_L)$ = $0{,}10711 / (0{,}1 * 0{,}25)$

= 4,28 MN/m²

$\sigma_{Rd,max}$ = $0{,}75 * v_1 * f_{cd}$ = $0{,}75 * 1 * 17$

= 12,75 MN/m² > 4,28 MN/m² = σ_c

→ Nachweis erfüllt.

5 Nachweise in den Grenzzuständen der Gebrauchstauglichkeit

5. 1 Begrenzung der Spannungen unter Gebrauchsbedingungen

Nach DIN EN 1992-1-1/ NA dürfen Spannungsnachweise für nicht vorgespannte Tragwerke des üblichen Hochbaus im Allgemeinen entfallen, wenn die Schnittgrößen nach Elastizitätstheorie ermittelt, im Grenzzustand der Tragfähigkeit um nicht mehr als 15% umgelagert wurden und die bauliche Durchbildung nach Abschnitt 9 durchgeführt wird und insbesondere die Festlegung der Mindestbewehrungen eingehalten sind.Diese Bedingungen sind hier eingehalten, somit können die Spannungsnachweise unter Gebrauchsbedingungen entfallen.

5. 2 Grenzzustände der Rissbildung

Die Anforderungen an die Dauerhaftigkeit und das Erscheinungsbild des Tragwerks gelten bei der hier vorausgesetzten Umweltklasse XC1 als erfüllt, wenn die zulässige Rissbreite w_{max}= 0,4mm unter der quasi-ständigen Einwirkungskombination begrenzt wird. Unter dieser Einwirkungskombination bleibt der Querschnitt am Stützenfuß im Zustand I. Somit ist kein Nachweis für Begrenzung der Rissbreiten notwendig.

5. 3 Begrenzung der Verformungen

5. 3. 1 Verformungsberechnung

Zur Berechnung der Verformungen des Systems wird hier anstatt der quasiständigen Einwirkungskombination die häufige Einwirkungskombination herangezogen um mögliche Momente aus Windlasten zu berücksichtigen.

Zulässige Verformung:

zul u = l / 250 = 6200 / 250 = 24,8 mm

Einwirkungen für die Verformungsberechnung: (Wind ist Leiteinwirkung)

- auf Höhe des Binderauflagers:

$M_{frequ,1}$ = 138,96kN * 0,075m + 0,2 * 5,36kN * 0,075m

= 10,5 kNm

$N_{frequ,1}$ = 138,96kN + 0,2 * 5,36kN

= 140,03 kN

- auf Höhe der Konsole:

$M_{frequ,2}$ = 50,28kN * 0,3m + 0,3 * 26,16kN * 0,3m

= 17,44 kNm

$N_{frequ,2}$ = 50,28kN + 0,3 * 26,16kN

= 58,13 kN

- Windlast:

q_w = 0,2 * 2,4kN/m

= 0,48 kN/m

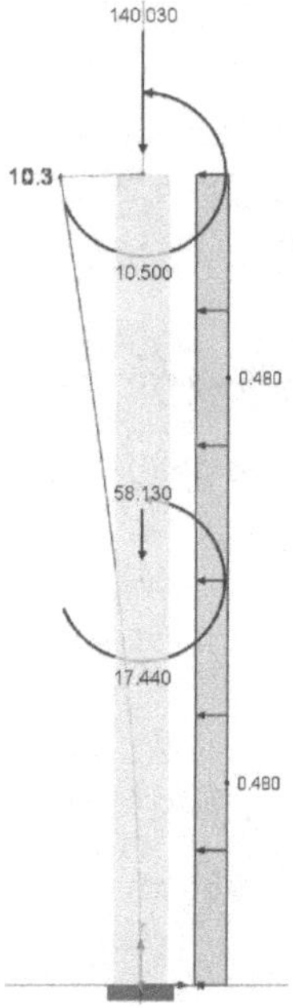

Ermittelte Verformung:

vorh u = 10,3 mm

< 24,8 mm = zul u

→ Nachweis erfüllt.

6 Bewehrungsführung, bauliche Durchbildung

6. 1 Längsbewehrung

Überprüfung, ob Mindest- und Höchstwert der Längsbewehrung eingehalten wurde:

$$A_{S,min} = 0{,}15 * |N_{Ed}| / f_{yd} = 0{,}15 * 360{,}04 / 43{,}5$$

$$= 1{,}24\ cm^2 < 107{,}99\ cm^2 = \text{vorh } A_S$$

$$A_{S,max} = 0{,}09 * A_c = 0{,}09 * 40 * 35$$

$$= 126\ cm^2 > 107{,}99\ cm^2 = \text{vorh } A_S$$

Überprüfung, ob Höchstabstände der Längsbewehrung eingehalten wurden:

$$s_{l,max} \leq 30\ cm$$

Diese Bedingung ist hier eingehalten.

6. 2 Querbewehrung

Als Querbewehrung der Stütze werden Bügel angeordnet.

Mindestdurchmesser:

$$Ø_{bü,min} \geq 0{,}25 * Ø_l = 6{,}25mm \geq 6\ mm$$

gewählt: $Ø_{bü} = 8mm$

Bügelabstände:

Für die Stützenkopfverlängerung:

$$s_{bü,1} \leq 12 * Ø_l = 12 * 1{,}2 = 14{,}4\ cm$$

$$\leq \min h = 10\ cm$$

$$\leq 30\ cm$$

$$\text{gew } s_{bü,1} = 10\ cm$$

Für den Regelbereich:

$$s_{bü,2} \leq 12 * Ø_l = 12 * 2{,}5 = 30\ cm$$

$$\leq \min h = 35\ cm$$

$$\leq 30\ cm$$

gew $s_{bü,2}$ = 30 cm

Für den Bereich am Stützenfuß mit einer Höhe von 1,05m (Höhe Anpralllast):

$s_{bü,3}$ = 0,6 * $s_{bü,2}$ = 0,6 * 30 = 18 cm

gew $s_{bü,3}$ = 15 cm

Überprüfung, ob Bügel als Querbewehrung allein ausreichen:

Abstand der Längsbewehrung Ø20 in Stützenmitte zur Längsbewehrung Ø25 in den Ecken:

s_l = 400/2 - 35 - 25/2 = 152,5 mm

Der Abstand ist größer als der 15-fach Bügeldurchmesser = 120mm. Somit ist zusätzliche Querbewehrung erforderlich. Es wird ein Zwischenbügel mit doppeltem Bügelabstand (60cm) angeordnet.

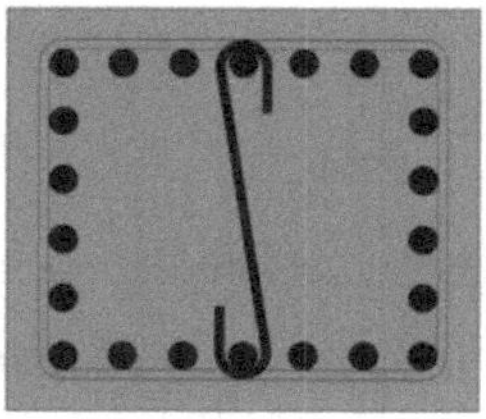

6. 3 Verankerung der Konsolenbewehrung

Maximal mögliche Verankerungslänge:

max $l_{b,vorh}$ = 15cm - c_{nom}

= 15cm - 2cm

= 13 cm

Überprüfung, ob Schlaufen Ø 12 mit Biegerolldurchmesser D_{min}= 15 * Ø einbaubar sind:

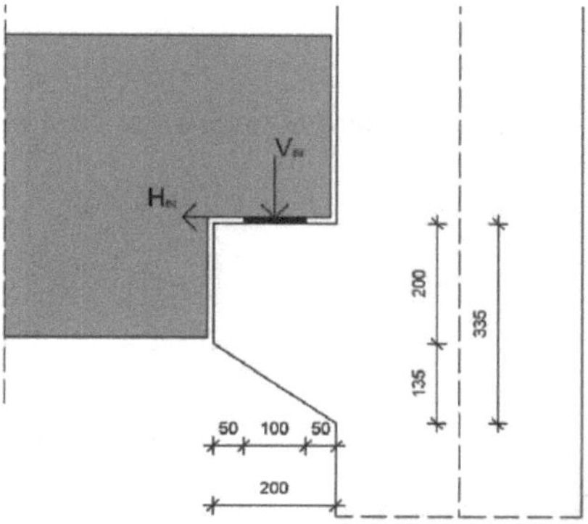

l_{erf} = D/2 + 3 * Ø

= 15 * 1,2 / 2 + 3 * 1,2 = 12,6 cm

l_{vorh} = 15cm - c_{nom} - 0,5 * b_{Lager}

= 15 - 2 - 0,5 * 10 = 8 cm

Neu gewählt: 4 Schlaufen in 2 Lagen mit Biegerolldurchmesser D = 4 * Ø

Verankerungslänge:

l_{bd} = $\alpha_1 * \alpha_5 * l_{b,rqd}$ * erf A_S / vorh A_S ≥ 0,3 * $\alpha_1 * l_{b,rqd}$ ≥ 6,7 * Ø

mit: $l_{b,rqd}$ = 61 cm (VB II, Ø 12mm)

α_1 = 0,7 (für Schlaufen)

α_5 = 2/3 (bei direkter Auflagerung)

l_{bd} = 0,7 * 2/3 * 61 * 1,79 / 9,05 ≥ 0,3 * 0,7 * 61 ≥ 6,7 * 1,2

= 5,63 cm ≥ 12,81 cm ≥ 8,04 cm

l_{bd} = 12,81 cm < 13 cm = $l_{b,vorh}$

6. 4 Verankerung der Bewehrung der Stützenkopfverlängerung

Grundwer der Verankerungslänge:

$l_{b,rqd}$ = 43 cm (VB I, Ø 12mm)

Mindestwert der Übergreifungslänge der Bewehrung der Stützenkopfverlängerung:

$l_{0,min}$ = max {0,3 * $\alpha_1 * \alpha_6 * l_{b,rqd}$; 15 * Ø ; 200mm}

= max {0,3 * 1 * 2 * 43 ; 15 * 1,2 ; 20cm}

= 25,8 cm

Erforderliche Übergreifungslänge der Bewehrung der Stützenkopfverlängerung:

l_0 = $\alpha_6 * l_{bd}$

l_{bd} = 1 * 1 * 43 * (1,67 / 2,26)

= 31,77 cm

l_0 = 2 * 31,77 = 63,55 cm

Die Bewehrung in der Stützenkopfverlängerung werden 70cm über die vorhandene Stützenbewehrung geführt.

6. 4 Verankerung der Anprallbewehrung

Die Biegebewehrung aus der außergewöhnlichen Bemessungssituation (Gabelstapler-anprall) wird nur bis zum Lastangriffspunkt der Anpralllast benötigt.

Die vorhandene Bewehrung wird um das Maß l_{bd} über den Lastangriffspunkt in Höhe von 1,05m hinaus verankert. An dieser Stelle wird die Bewehrung von 12 Ø 25 auf 8 Ø 25 verringert.

Staffelung von 12 Ø 25 auf 8 Ø 25: (Für Biegung um y-Achse)

$$l_{bd} = \alpha_1 * l_{b,rqd} * (A_{S,erf} / A_{S,vorh})$$

mit:

$$\alpha_1 = 1$$

$$l_{b,rqd} = 128\,cm \quad \text{(VB II, Ø 25mm)}$$

$$A_{S,erf} / A_{S,vorh} = 21{,}89 / (8 * 1{,}25^2 * \pi)$$

$$= 0{,}56$$

$$l_{bd} = 1 * 128 * 0{,}56$$

$$= 71{,}68\,cm$$

Die Bewehrung aus der außergewöhnlichen Bemessungssituation wird 75cm über den Lastangriffspunkt der Anpralllast geführt.

Position S02: Innenstütze

Zu bemessen ist eine Fertigteil – Innenstütze, die werkmäßig hergestellt wird. Die beidseitigen Konsolen am Stützenkopf tragen die Stahlbetonunterzüge für die Zwischendecke. Der Stützenfuß wird mit einem angeformten Blockfundament ausgebildet. Vorwiegend ruhende Einwirkungen, allerdings auch außergewöhnliche Einwirkungen aus Gabelstapleranprall.

Der Achsabstand der benachbarten Stützen beträgt 6m.

Baustoffe:	- Beton	C30/37
	- Betonstahl	B500B (hochduktil)

1 System, Bauteilmaße, Betondeckung

1. 1 System

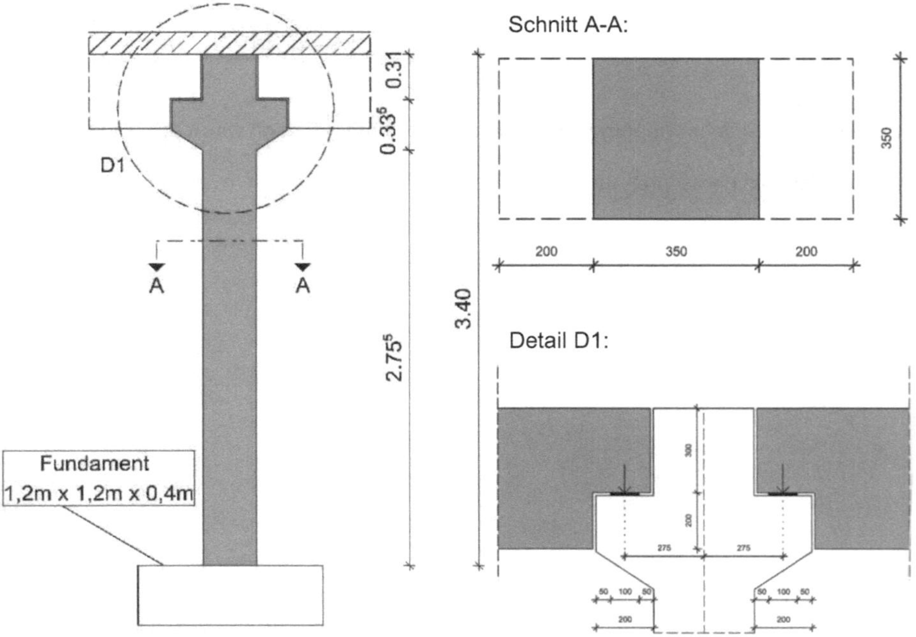

(Darstellung unmaßstäblich)

1. 2 Mindestfestigkeitsklasse, Betondeckung

Expositionsklasse für Bewehrungskorrosion

infolge Karbonatisierung: XC1

Mindestfestigkeitsklasse Beton: C16/20

Gewählt: C30/37 XC1

Betondeckung nach Kriterium der Dauerhaftigkeit:

Mindestbetondeckung	c_{min}	=	10mm
+ Vorhaltemaß	Δc_{dev}	=	10mm
= Nennmaß der Betondeckung	c_{nom}	=	20mm

Betondeckung nach Kriterium des Verbundes: $c_{min,b} \geq$ Stabdurchmesser $\geq$ 10mm

Längsbewehrung Ø25:	$c_{min,b}$= 25mm	Δc_{dev}= 10mm	c_{nom}= 35mm
Bügel Ø8:	$c_{min,b}$= 10mm	Δc_{dev}= 10mm	c_{nom}= 20mm

Daraus ergeben sich als Verlegemaße:

Längsbewehrung Ø25:		$c_{V,l}$ = 35mm
Bügel Ø8:	$c_{V,l}$ - $Ø_{Bü}$ = 35 - 8 ≈ 25	$c_{V,Bü}$= 25mm

2 Einwirkungen

2. 1 Charakteristische Werte

Bezeichnung der Einwirkung		Charakteristische Werte		[kN]
Ständig:				
-Stütze:				
0,35m * 0,35m * 3,4m * 25kN/m³		$G_{k,1}$	=	10,41
-vertikale Auflagerkräfte der Fertigteilunterzüge				
aus ständigen Lasten:	2 * 50,28kN	$G_{k,2}$	=	100,56
Summe:		$\sum G_k$	=	110,97

Veränderlich:				
-vertikale Auflagerkräfte der Fertigteilunterzüge				
aus Nutzlast + Trennwandzuschlag:	2 * 26,16kN	$Q_{k,N+TWZ}$	=	52,32
Außergewöhnlich:				
-Gabelstapleranprall:(Klasse FL3)				
5 * (44kN + 25kN)		$A_{k,G}$	=	345

2. 2 Beiwerte in den Grenzzuständen der Tragfähigkeit

2. 2. 1 Ständige und vorübergehende Bemessungssituation

Teilsicherheitsbeiwerte in den Grenzzuständen der Tragfähigkeit:

Einwirkungen	günstige Auswirkungen			ungünstige Auswirkungen		
- ständige	γ_G	=	1	γ_G	=	1,35
- veränderliche	γ_Q	=	0	γ_Q	=	1,5

Für den Bauzustand gilt $\gamma_G = \gamma_Q = 1,15$.

Kombinationsbeiwerte in den Grenzzuständen der Tragfähigkeit:

Bemessungssituation	Nutzlast
ständige und vorübergehende	$\psi_{0,i}$ = 0,7

allgemeine Grundkombination:

$$E_d = \gamma_G * G_k + \gamma_{Q,1} * Q_{k,1} + \sum(\gamma_{Q,i} * \psi_{0,i} * Q_{k,i})$$

2. 2. 2 Außergewöhnliche Bemessungssituation

Teilsicherheitsbeiwerte in den Grenzzuständen der Tragfähigkeit:

Einwirkungen	günstige Auswirkungen			ungünstige Auswirkungen		
- ständige	γ_{GA}	=	1	γ_{GA}	=	1
- veränderliche	γ_{QA}	=	0	γ_{QA}	=	1

Kombinationsbeiwerte in den Grenzzuständen der Tragfähigkeit:

Bemessungssituation	Nutzlast		
außergewöhnliche	$\psi_{1,i}$	=	0,5
	$\psi_{2,i}$	=	0,3

allgemeine Grundkombination:

$$E_{dA} = \gamma_{GA} * G_k + A_d + \gamma_{QA,1} * \psi_{1,1} * Q_{k,1} + \sum(\gamma_{QA,i} * \psi_{2,i} * Q_{k,i})$$

2. 3 Repräsentative Werte in den Grenzzuständen der Gebrauchstauglichkeit

Kombinationsbeiwerte in den Grenzzuständen der Gebrauchstauglichkeit:

Bemessungssituation	Nutzlast		
ständige und vorübergehende	$\psi_{2,i}$	=	0,3

quasi-ständige Einwirkungskombination:

$$E_{perm} = G_k + \sum(\psi_{2,i} * Q_{k,i})$$

Bemessungswerte:

$$M_{perm} = 0 \text{ kNm}$$

häufige Einwirkungskombination:

$$E_{frequ} = G_k + \psi_{1,1} * Q_{k,1} + \sum(\psi_{2,i} * Q_{k,i})$$

Bemessungswerte:

$$M_{frequ} = 0 \text{ kNm}$$

3 Schnittgrößenermittlung

3. 1 Grenzzustände der Tragfähigkeit

3. 1. 1 Bauzustand - Transport

Die Stütze wird mit einem angeformten Fundament hergestellt und liegend transportiert.

Deswegen wird die Stütze für den Bauzustand als Balken bemessen.

Die Auflagerpunkte wurden in 0,7m Abstand zum Bauteilende angeordnet.

Belastung:

Eigenlast Stütze: $g_{d,Stütze}$ = 1,15 * 0,35m * 0,35m * 25kN/m³

= 3,52 kN/m

Eigenlast Fundament: $G_{d,Fundament}$ = 1,15 * 1,2m * 1,2m * 0,4m * 25kN/m³

= 16,56 kN

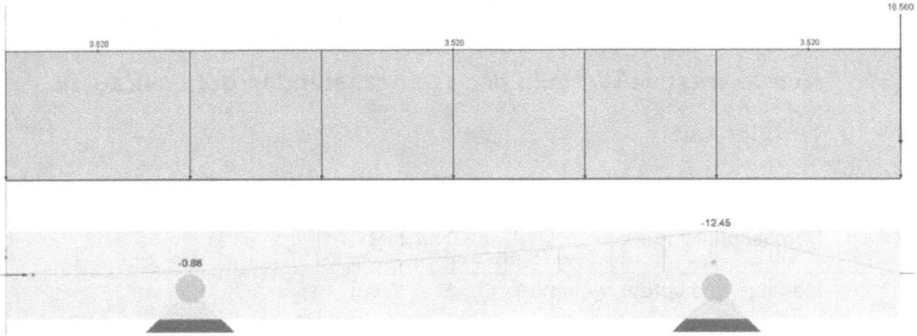

Stützmoment: $M_{Ed,S}$ = -12,45 kNm

3. 1. 2 Endzustand

Charakteristische Schnittgrößen:

- aus ständigen Lasten: N_{Gk} = -110,97 kN

M_{Gk} = 0 kNm

- aus Nutzlasten: N_{Nk} = -52,32 kN

M_{Nk} = 0 kNm

- aus Gabelstapleranprall: N_{Ak} = 0 kN

M_{Ak} = (-345kN) * 1,05m

= -362,25 kNm

Die statische Ersatzlast für den Gabelstapleranprall greift 0,75m über dem Fußboden an.

Die Dicke der Bodenplatte wurde dafür mit 30cm abgeschätzt.

Bemessungsschnittgrößen - ständige und vorübergehende Bemessungssituation

Lastkombination 1: größte Normalkraft und zugehöriges Biegemoment

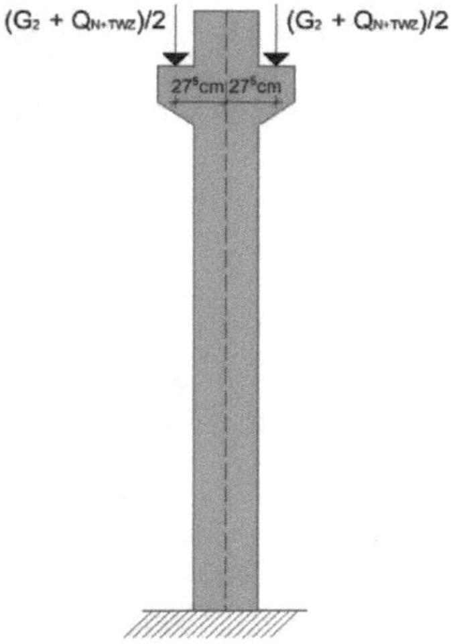

→ Leiteinwirkung Nutzlast

N_{Ed} = 1,35 * (-110,97) + 1,5 * (-52,32)

= -228,29 kN

M_{Ed} = 0 kNm

e_0 = M_{Ed} / N_{Ed}

= 0 m

Lastkombination 2: kleinste Normalkraft und zugehöriges Biegemoment

→ ständige und Nutzlasten wirken günstig!

N_{Ed} = 1,0 * (-110,97) + 0 * (-52,32)

= -110,97 kN

M_{Ed} = 0 kNm

e_0 = M_{Ed} / N_{Ed}

= 0 m

Lastkombination 3: größtes Biegemoment + zugehörige Normalkraft

→ Entspricht unter der gegebenen Belastung Lastkombination 1

Bemessungsschnittgrößen - außergewöhnliche Bemessungssituation

Lastkombination 1: <u>größte Normalkraft</u> und zugehöriges Biegemoment

→ Leiteinwirkung Nutzlast

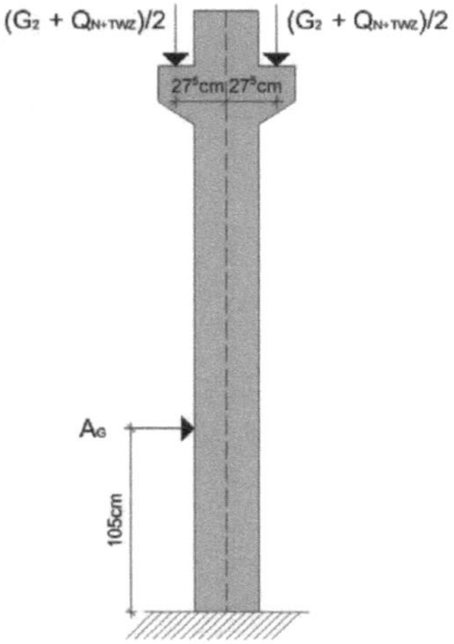

N_{Ed} = 1,0 * (-110,97) + 1,0 * 0,5 * (-52,32)

= -137,13 kN

M_{Ed} = -362,25 kNm

e_0 = M_{Ed} / N_{Ed} = 362,25 / 137,13

= 2,64 m

Lastkombination 2: <u>kleinste Normalkraft</u> und zugehöriges Biegemoment

→ ständige und Nutzlasten wirken günstig!

N_{Ed} = 1,0 * (-110,97) + 0 * (-52,32)

= -110,97 kN

M_{Ed} = -362,25 kNm

e_0 = M_{Ed} / N_{Ed} = 362,25 / 110,97

= 3,26 m

Lastkombination 3: <u>größtes Biegemoment</u> + zugehörige Normalkraft

→ Entspricht unter der gegebenen Belastung Lastkombination 1

4 Bemessung in den Grenzzuständen der Tragfähigkeit

4. 1 Bemessungswerte der Baustoffe

Teilsicherheitsbeiwerte in den Grenzzuständen der Tragfähigkeit:

- Beton γ_C = 1,5
- Betonstahl γ_S = 1,15

Bauzustand:

Annahme: Beim Ersttransport (Herausheben aus der Schalung und Transport im Fertigteilwerk) hat der Beton aufgrund seiner Rezeptur die Frühfestigkeit eines C16/20 erreicht.

Beton C16/20: f_{ck} = 16 N/mm²

f_{cd} = 1,0 * 16/ 1,5 = 10,7 N/mm²

Endzustand:

Beton C30/37: f_{ck} = 30 N/mm²

f_{cd} = 0,85 * 30 / 1,5 = 17 N/mm²

Allgemein:

Betonstahl B500B: f_{yk} = 500 N/mm²

f_{yd} = 500 / 1,15 = 435 N/mm²

4. 2 Bemessung für Biegung im Bauzustand

statische Nutzhöhe:

$$d = h - c_{V,Bü} - \varnothing_{Bü} - 0,5 * \varnothing_l$$

$$= 350 - 25 - 8 - 0,5 * 25$$

$$\approx 300 \text{ mm}$$

Bemessungsquerschnitt: b / h / d = 0,35 / 0,35 / 0,3 m

Bemessung mit dimensionslosen Beiwerten:

$$\mu_{Eds} = M_{Eds} / (b * d^2 * f_{cd})$$

$= 0{,}01245 / (0{,}35 * 0{,}3^2 * 10{,}7)$

$= 0{,}037$

$\rightarrow \omega = 0{,}0379$

$\text{erf } A_S = \omega * b * d * f_{cd} / \sigma_{sd}$

$= 0{,}0379 * 35 * 30 * 10{,}7 / 435$

$= 0{,}98 \text{ cm}^2$

Mindestbewehrung zur Sicherstellung eines duktilen Bauteilverhaltens:

Rissmoment:

$M_{cr} = f_{ctm} * b * h^2 / 6 = 2{,}9 * 10^3 * 0{,}35 * 0{,}35^2 / 6$

$= 20{,}72 \text{ kNm}$

$A_{S,min} = M_{cr} / (f_{yk} * z) = 20{,}72 * 10 / (500 * 0{,}9 * 0{,}3)$

$= 1{,}53 \text{ cm}^2 > \text{erf } A_S$

Längsbewehrung oben: Betonstabstahl B500B

Gewählt: 2 Ø 16 $= 4{,}02 \text{ cm}^2$

$> 1{,}53 \text{ cm}^2 = A_{S,min}$

Da es sich bei dem Bauteil um eine Stütze und keinen Balken handelt wird die gewählte Bewehrung oben und unten angeordnet.

4. 3 Bemessung im Endzustand mit dem Verfahren mit Nenn-krümmung

4. 3. 1 Knicklänge und Schlankheit der Stütze

Knicklänge:

$l_0 = \beta * l_{col}$

mit: $l_{col} = 3{,}4 \text{m}$

$\beta = 2$ (Eulerfall für Kragstütze mit starrem Fundament)

$l_0 = 2 * 3{,}4 = 6{,}8 \text{ m}$

Schlankheit:

$\lambda = l_0 / i$

mit: $i = h / \sqrt{12} = 0{,}35 / \sqrt{12} = 0{,}1\ m$

$\lambda = 6{,}8 / 0{,}1$

$= 68$

Grenzwert für Berechnung nach Theorie II. Ordnung:

$n = N_{Ed} / (A_c * f_{cd}) = 0{,}22829 / (0{,}35 * 0{,}35 * 17)$

$= 0{,}11$

Grenzwert der Schlankheit für schlanke Druckglieder:

$\lambda_{lim} = 16 / \sqrt{n}$ für $n < 0{,}41$

$= 16 / \sqrt{0{,}11} = 48{,}24 <$ vorh $\lambda = 68$

Der Stab gilt somit als schlankes Druckglied und ist auf die Einflüsse nach Theorie II. Ordnung zu untersuchen.

4. 3. 2 Imperfektionen

Planmäßige Ausmitte nach Theorie I. Ordnung:

$e_0 = M_{Ed} / N_{Ed}$ (siehe Schnittgrößenermittlung 3.1.2)

Ungewollte Ausmitte nach Theorie I. Ordnung:

$e_i = \theta_i * l_0 / 2$

mit: $\theta_i = \theta_0 * \alpha_h * \alpha_m$

$\theta_0 = 1 / 200$

$\alpha_h = 2 / \sqrt{l} = 2 / \sqrt{3{,}4}$

$= 1{,}08 > 1$!

$\alpha_m = 1$ (Einzelstütze)

$e_i = 1/200 * 1 * 1 * 6{,}8 / 2$

$= 0{,}017\ m$

Ausmitte aus Systemverformung nach Theorie II. Ordnung:

$e_2 \quad = \quad K_1 * 1 / r_0 * (l_0)^2 / c$

mit: $c = 10$ (bei konstanten Querschnitten)

$K_1 = 1$ für $\lambda > 35$

$1/r_0 = K_r * K_\varphi * \varepsilon_{yd} / (0{,}45 * d)$

$\varepsilon_{yd} = f_{yd} / E_S = 435 / 200000 = 2{,}175‰$

$d = 0{,}31\ m$

$K_r = 1$ (auf der sicheren Seite)

$K_\varphi = 1 + \beta * \varphi_{ef}$

$\beta = 0{,}35 + f_{ck}/200 - \lambda/150 \geq 0$

$= 0{,}35 + 30 / 200 - 68 / 150$

$= 0{,}047 > 0$

$\varphi_{ef} = 0$ (da $M_{perm} = 0$)

$K_\varphi = 1$

$e_2 = 1 * 1 * 1 * 2{,}175 * 10^{-3} / (0{,}45 * 0{,}3) * 6{,}4^2 / 10$

$= 0{,}066\ m$

4. 3. 3 Bemessung der Stütze für Biegung mit Längskraft

Die Bemessung für die verschiedenen Lastfälle erfolgt tabellarisch:

	Einheit	ständig und vorübergehend			außergewöhnlich		
		LK1	LK2	LK3	LK1	LK2	LK3
N_{Ed}	[kN]	-228,29	-110,97	-228,29	-137,13	-110,97	-137,13
$M_{Ed} = e_0 * N_{Ed}$	[kNm]	0	0	0	-362,25	-362,25	-362,25
$e_0 = M_{Ed} / N_{Ed}$	[m]	0	0	0	2,64	3,26	2,64
e_i	[m]	0,017	0,017	0,017	0,017	0,017	0,017
e_2	[m]	0,066	0,066	0,066	0,066	0,066	0,066

$(e_0 + e_i + e_2)$	[m]	0,083	0,083	0,083	2,723	3,343	2,723
$M_{Ed} = (e_0+e_i+e_2)*N_{Ed}$	[kNm]	18,95	9,21	18,95	373,4	370,97	373,4
$v_{Ed} = N_{Ed}/(b * h * f_{cd})$	[-]	-0,11	-0,05	-0,11	-0,07	-0,05	-0,07
$\mu_{Ed} = M_{Ed} /(b *h^2 *f_{cd})$	[-]	0,03	0,01	0,03	0,51	0,51	0,51
ω_{tot} für $d_1/h = 0,1$	[-]	0	0	0	1,15	1,2	1,15
$A_{S,tot} = \omega*b*h*f_{cd}/f_{yd}$	[cm²]	0	0	0	55,05	**57,45**	55,05

(Nach Interaktionsdiagramm für Rechteckquerschnitte mit symmetrischer Bewehrungs-anordnung und $d_1/h=0,1$)

Aufgrund des quadratischen Querschnitts und der symmetrischen Belastung gilt die ermittelte erforderliche Bewehrung für beide Achsen der Stütze.

Gewählte Längsbewehrung: Betonstabstahl B500B

12 Ø 25 = 58,9 cm²

> 57,45 cm² = erf A_s

Darstellung der Bewehrung für Biegung mit Längskraft:

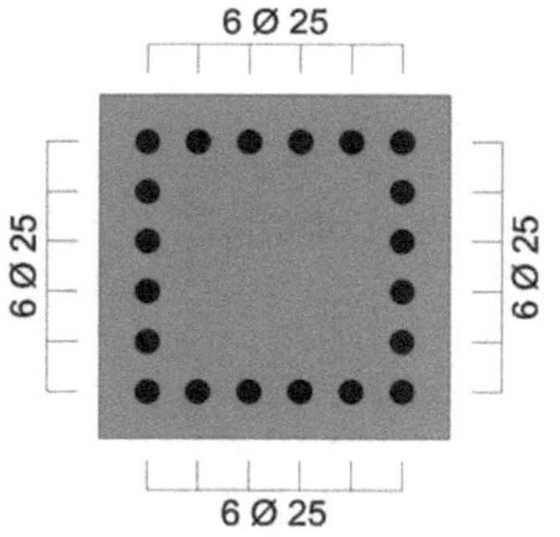

4. 4 Bemessung der Konsole

4. 4. 1 System, Belastung, Betondeckung

System:

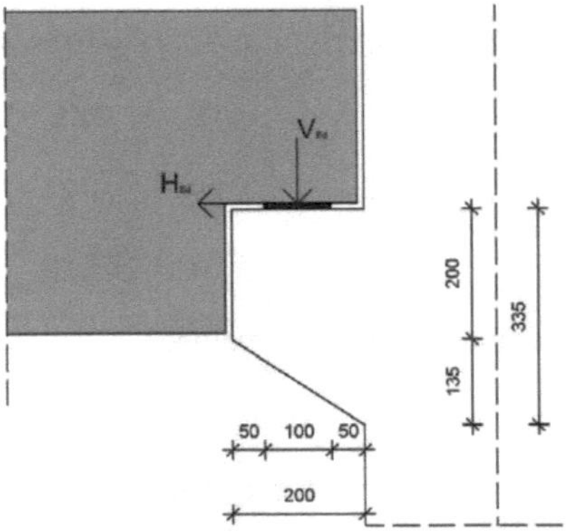

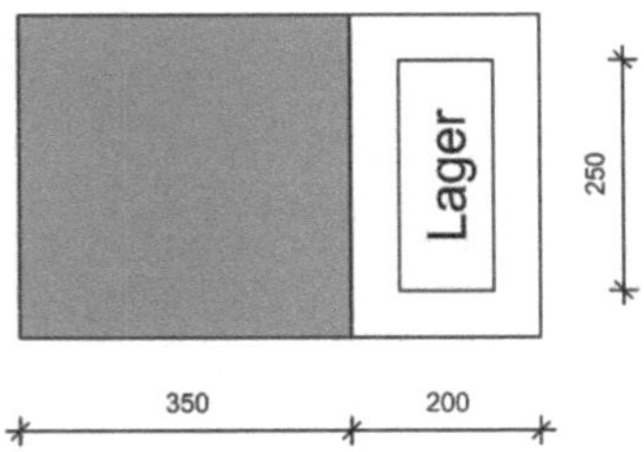

Dicke des Elastomerlagers:

d_{lager} = 20mm

Belastung: V_{Ed} = 107,11 kN

H_{Ed} = 21,42 kN (min $H_{Ed} = 0{,}2 * V_{Ed}$)

Betondeckung für Schlaufen: (Annahme: Ø = 12mm)

c_{min} = $c_d \geq 3 * Ø$

$c_{nom,Schlaufe}$ = $3 * Ø + \Delta c$

= $3 * 12 + 10$

= 46 mm

4. 4. 2 Bemessung am Stabwerkmodell

Stabwerkmodell:

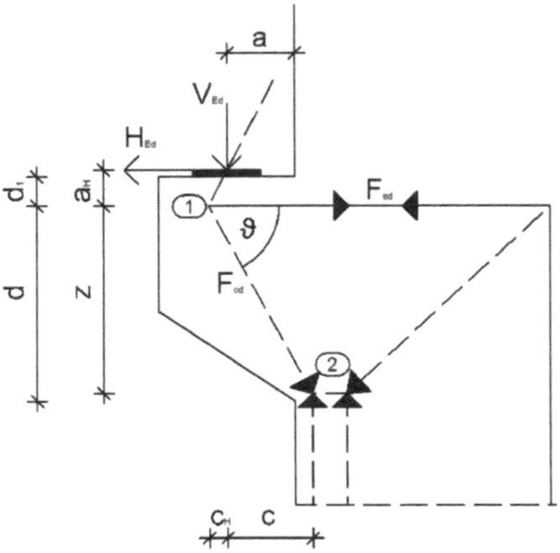

Bestimmung der geometrischen Größen:

d_1 : Abstand Betonrand zur Achse der Zugbewehrung

Annahme: 3 Schlaufen Ø 12

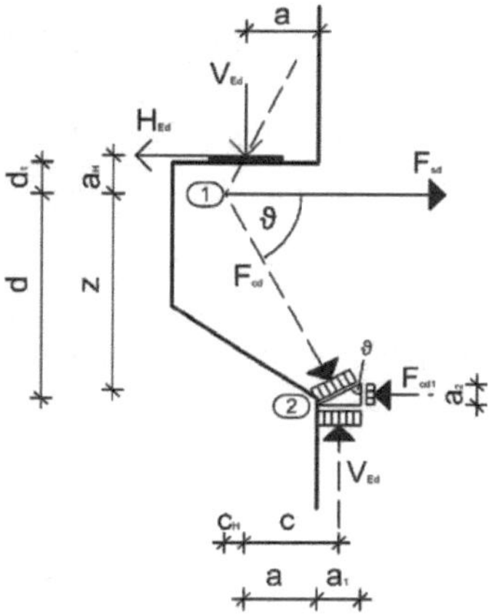

$d_1 = c_{nom,Schlaufe} + Ø + 2 + 0{,}5 * Ø$

$= 4{,}6 + 1{,}2 + 2 + 0{,}5 * 1{,}2$

$= 8{,}4$ cm

a : Abstand der vertikalen Last zum Stützenrand

$a = 5 + 0{,}5 * 10$

$= 10$ cm

a_1 : Breite der Druckfläche (siehe Skizze)

$a_1 = V_{Ed} / (b * f_{cd}) = 0{,}10711 / (0{,}35 * 17)$

$= 0{,}018$ m $= 1{,}8$ cm

d : Abstand der horizontalen Zugkraft F_{sd} zur Unterkante der Konsole

$d = h - d_1 = 33{,}5 - 8{,}4$

$= 25{,}1$ cm

a_H : Abstand der horizontalen Zugkraft F_{sd} zur Oberkante des Lagers

$a_H = d_1 + d_{Lager} = 8{,}4 + 2$

$= 10{,}4$ cm

$c + c_H$: Horizontaler Abstand zwischen Knoten 1 und 2

$c + c_H = a + 0{,}5 * a_1 + a_H * H_{Ed} / V_{Ed}$

$= 10 + 0{,}5 * 1{,}8 + 10{,}4 * 21{,}42 / 107{,}11$

$= 12{,}98$ cm

a_2 : Breite der Druckfläche(siehe Skizze),Berechnung über die Ähnlichkeit der Dreiecke

$a_2 / a_1 = (c + c_H) / z = (c + c_H) / (d - a_2/2)$

$\rightarrow a_2 = d - \sqrt{(d^2 - 2 * a_1 * (c + c_H))} = 25{,}1 - \sqrt{(25{,}1^2 - 2 * 1{,}8 * 12{,}98)}$

$= 0{,}95$ cm

z : Innerer Hebelarm zwischen F_{sd} und F_{cd1}

$z = d - 0{,}5 * a_2 = 25{,}1 - 0{,}5 * 0{,}95$

$= 24{,}63$ cm

Ermittlung der Zugkraft F_{sd} im Stabwerkmodell:

Aus dem Momentengleichgewicht am Knoten 2 ergibt sich F_{sd} zu:

$F_{sd} = (V_{Ed} * c + H_{Ed} * (a_H + z)) / z$

$= (107{,}11 * 10{,}9 + 21{,}42 * (10{,}4 + 24{,}63)) / 24{,}63$

$= 77{,}87$ kN

Erforderliche Bewehrung:

$\text{erf } A_S = F_{sd} / f_{yd} = 77{,}87 / 43{,}5$

$= 1{,}79$ cm²

Gewählt:

3 Schlaufen Ø 12 = 6,79 cm²

> 1,79 cm² = erf A_S

Nachweis der Tragfähigkeit der Betondruckstrebe:

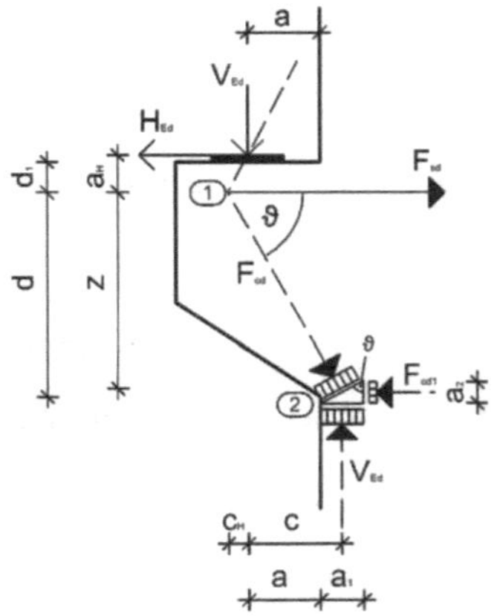

$\tan \vartheta = z / (c + c_H)$

$= 24{,}63 / 12{,}98 = 1{,}9$

$\cot \vartheta = 1 / 1{,}9$

$= 0{,}53$

$V_{Rd,max} = (b * z * \alpha_{cw} * v_1 * f_{cd}) / (\tan \vartheta + \cot \vartheta)$

$= (0{,}35 * 0{,}246 * 1 * 0{,}75 * 17) / (1{,}9 + 0{,}53)$

$= 0{,}452\ \text{MN} > V_{Ed} = 0{,}107\ \text{MN}$

→ Nachweis erfüllt.

Nachweis der Betondruckspannung am Knoten 2:

$F_{cd1} = V_{Ed} / \tan \vartheta$

$F_{cd} = V_{Ed} / \sin \vartheta$

$a_2 = a_1 / \tan \vartheta$

$a_3 = a_1 / \tan \vartheta$

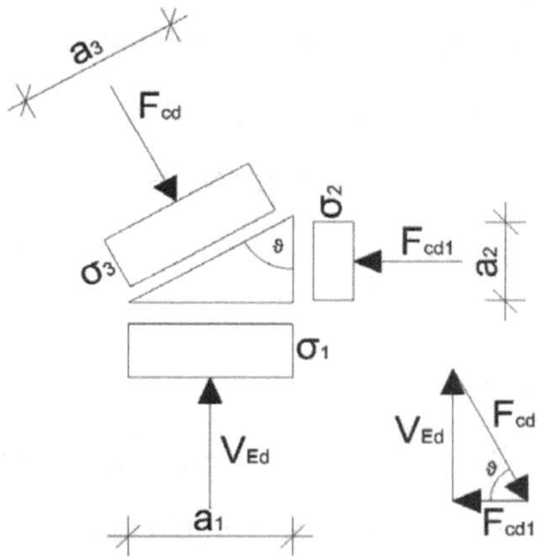

Spannungen:

$\sigma_1 = V_{Ed} / (b * a_1)$

$= 107{,}11 / (35 * 1{,}8)$

$= 1{,}7\ \text{kN/cm}^2$

$\sigma_2 = F_{cd1} / (b * a_2)$

$= V_{Ed} / (b * a_1) = \sigma_1$

$\sigma_3 = F_{cd} / (b * a_3) = \sigma_1$

→ $\sigma_1 = \sigma_2 = \sigma_3 = 1{,}7\ \text{kN/cm} \leq f_{cd} = 1{,}7\ \text{kN/cm}^2$

→ Nachweis erfüllt.

Nachweis der Auflagerpressung unter V_{Ed}:

$\sigma_c = V_{Ed} / (a_L * b_L) = 0{,}10711 / (0{,}1 * 0{,}25)$

$= 4{,}28\ \text{MN/m}^2$

$\sigma_{Rd,max} = 0{,}75 * v_1 * f_{cd} = 0{,}75 * 1 * 17$

$= 12{,}75\ \text{MN/m}^2 > 4{,}28\ \text{MN/m}^2 = \sigma_c$

→ Nachweis erfüllt.

5 Nachweise in den Grenzzuständen der Gebrauchstauglichkeit

5. 1 Begrenzung der Spannungen unter Gebrauchsbedingungen

Nach DIN EN 1992-1-1/ NA dürfen Spannungsnachweise für nicht vorgespannte Tragwerke des üblichen Hochbaus im Allgemeinen entfallen, wenn die Schnittgrößen nach Elastizitätstheorie ermittelt, im Grenzzustand der Tragfähigkeit um nicht mehr als 15% umgelagert wurden und die bauliche Durchbildung nach Abschnitt 9 durchgeführt wird und insbesondere die Festlegung der Mindestbewehrungen eingehalten sind.Diese Bedingungen sind hier eingehalten, somit können die Spannungsnachweise unter Gebrauchsbedingungen entfallen.

5. 2 Grenzzustände der Rissbildung

Die Anforderungen an die Dauerhaftigkeit und das Erscheinungsbild des Tragwerks gelten bei der hier vorausgesetzten Umweltklasse XC1 als erfüllt, wenn die zulässige Rissbreite w_{max}= 0,4mm unter der quasi-ständigen Einwirkungskombination begrenzt wird. Unter dieser Einwirkungskombination bleibt der Querschnitt am Stützenfuß im Zustand I. Somit ist kein Nachweis für Begrenzung der Rissbreiten notwendig.

5. 3 Begrenzung der Verformungen

Da in dem vorliegenden System unter der quasi-ständigen oder gar häufigen Einwirkungskombination keine Momente oder nennenswert große Normalkräfte auftreten, kann davon ausgegangen werden, dass in den Grenzzuständen der Gebrauchstauglichkeit keinenennenswerten Verformungen auftreten werden. Auf einen Nachweis wird daher verzichtet.

6 Bewehrungsführung, bauliche Durchbildung

6. 1 Längsbewehrung

Überprüfung, ob Mindest- und Höchstwert der Längsbewehrung eingehalten wurde:

$A_{S,min} = 0{,}15 * | N_{Ed} | / f_{yd} = 0{,}15 * 228{,}29 / 43{,}5$

$= 0{,}79\ cm^2 < 98{,}17\ cm^2 = \text{vorh } A_S$

$A_{S,max} = 0{,}09 * A_c = 0{,}09 * 35 * 35$

$= 110\ cm^2 > 98{,}17\ cm^2 = \text{vorh } A_S$

Überprüfung, ob Höchstabstände der Längsbewehrung eingehalten wurden:

$s_{l,max} \leq 30\ cm$

Diese Bedingung ist hier eingehalten.

6. 2 Querbewehrung

Als Querbewehrung der Stütze werden Bügel angeordnet.

Mindestdurchmesser:

$Ø_{bü,min} \geq 0{,}25 * Ø_l = 6{,}25mm \geq 6\ mm$

gewählt: $Ø_{bü} = 8mm$

Bügelabstände:

Für den Regelbereich:

$s_{bü,2} \leq 12 * Ø_l = 12 * 2{,}5 = 30\ cm$

$\leq \min h = 35\ cm$

$\leq 30\ cm$

gew $s_{bü,2} = 30\ cm$

Für den Bereich am Stützenfuß mit einer Höhe von 1,05m (Höhe Anpralllast):

$s_{bü,3} = 0{,}6 * s_{bü,2} = 0{,}6 * 30 = 18\ cm$

gew $s_{bü,3} = 15\ cm$

Überprüfung, ob Bügel als Querbewehrung allein ausreichen:

Es können maximal 5 Stäbe in oder in der Nähe der Ecken (15 * $Ø_{Bü}$) gegen Ausknicken gesichert werden.

Diese Bedingung ist hier eingehalten worden, da jeder Ecke genau 5 Stäbe zugeordnet werden können.

6. 3 Verankerung der Konsolenbewehrung

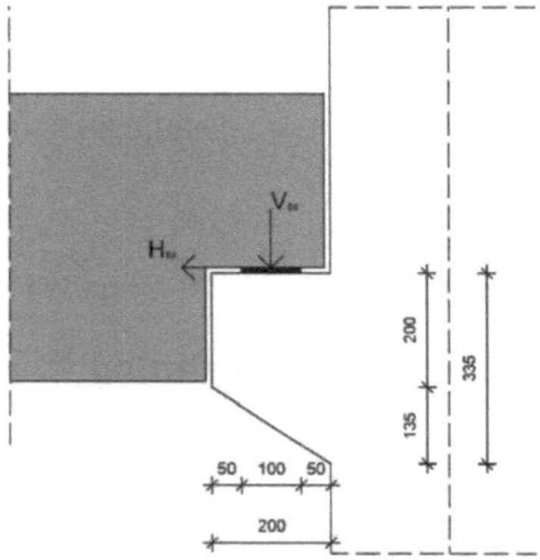

Maximal mögliche Verankerungslänge:

$\max l_{b,vorh} = 15cm - c_{nom}$

$= 15cm - 2cm$

$= 13\,cm$

Überprüfung, ob Schlaufen Ø 12 mit Biegerolldurchmesser D_{min}= 15 * Ø einbaubar sind:

$l_{erf} = D/2 + 3 * Ø$

$= 15 * 1{,}2 / 2 + 3 * 1{,}2 = 12{,}6\,cm$

$l_{vorh} = 15cm - c_{nom} - 0{,}5 * b_{Lager}$

$= 15 - 2 - 0{,}5 * 10 = 8\,cm$

Neu gewählt: 4 Schlaufen in 2 Lagen mit Biegerolldurchmesser D = 4 * Ø

Verankerungslänge:

$l_{bd} = \alpha_1 * \alpha_5 * l_{b,rqd} * \text{erf } A_S / \text{vorh } A_S \geq 0{,}3 * \alpha_1 * l_{b,rqd} \geq 6{,}7 * Ø$

mit: $l_{b,rqd} = 61\,cm$ (VB II, Ø 12mm)

$\alpha_1 = 0{,}7$ (für Schlaufen)

$\alpha_5 = 2/3$ (bei direkter Auflagerung)

$l_{bd} = 0{,}7 * 2/3 * 61 * 1{,}79 / 9{,}05 \geq 0{,}3 * 0{,}7 * 61 \geq 6{,}7 * 1{,}2$

$= 5{,}63\,cm \geq 12{,}81\,cm \geq 8{,}04\,cm$

$l_{bd} = 12{,}81\,cm < 13\,cm = l_{b,vorh}$

6. 4 Verankerung der Anprallbewehrung

Die Biegebewehrung aus der außergewöhnlichen Bemessungssituation (Gabelstapler-anprall) wird nur bis zum Lastangriffspunkt der Anpralllast benötigt.

Die vorhandene Bewehrung wird um das Maß l_{bd} über den Lastangriffspunkt in Höhe von 1,05m hinaus verankert. An dieser Stelle wird die Bewehrung von 12 Ø 25 auf 4 Ø 25 verringert.

Staffelung von 12 Ø 25 auf 4 Ø 25:

$$l_{bd} = \alpha_1 * l_{b,rqd} * (A_{S,erf} / A_{S,vorh})$$

Da die erforderliche Bewehrung ab dem Lastangriffspunkt der Anpralllast rechnerisch gleich null ist (siehe 4.3.3) wird die Verankerungslänge hier auf der sicheren Seite liegend mit 20cm angesetzt.

Position W02: Wandscheibe (Achse 1/ 4)

Zu bemessen ist eine Fertigteil - Wand, die aus mehreren Wandelementen zusammengesetzt wird, welche werkmäßig hergestellt werden.
Die Wandscheiben sind mit der Dachscheibe aus Trapezblech verbunden und dienen zur Aus-steifung des Bauwerks. Die hier betrachtete Wand dient ebenfalls als Endauflager der Dacheindeckung. In Gebäudelängs- und -querrichtung sind jeweils zwei Wandscheiben vorhanden.

Baustoffe:	- Beton	C25/30
	- Betonstahl	B500A

1 System, Bauteilmaße, Betondeckung

1. 1 System

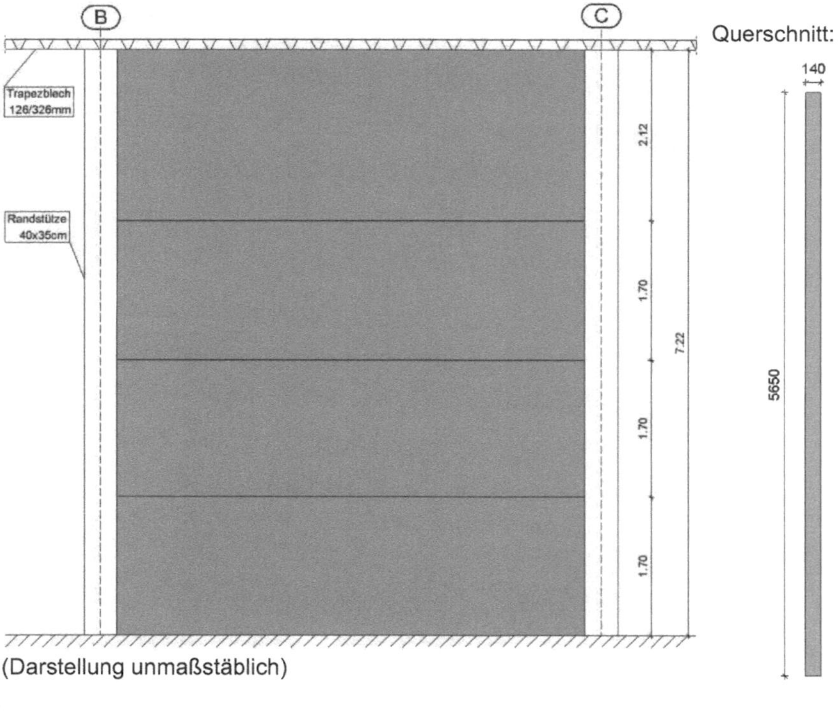

(Darstellung unmaßstäblich)

1. 2 Mindestfestigkeitsklasse, Betondeckung

Expositionsklasse für Bewehrungskorrosion

infolge Karbonatisierung: XC1

Mindestfestigkeitsklasse Beton: C16/20

Gewählt: C25/30 XC1

Betondeckung nach Kriterium der Dauerhaftigkeit:

Mindestbetondeckung	c_{min}	=	10mm
+ Vorhaltemaß	Δc_{dev}	=	10mm
= Nennmaß der Betondeckung	c_{nom}	=	20mm

Betondeckung nach Kriterium des Verbundes: $c_{min,b} \geq$ Stabdurchmesser $\geq$ 10mm

Längsbewehrung Ø10:	$c_{min,b}$= 10mm	Δc_{dev}= 10mm	c_{nom}= 20mm
Querbewehrung Ø10:	$c_{min,b}$= 10mm	Δc_{dev}= 10mm	c_{nom}= 20mm

Daraus ergeben sich als Verlegemaße:

Querbewehrung Ø10:		$c_{V,Q}$= 20mm
Längsbewehrung Ø10:	$c_{V,Q}$ + $Ø_Q$ = 20 + 10	$c_{V,l}$ = 30mm

2 Einwirkungen

2. 1 Charakteristische Werte

Bezeichnung der Einwirkung	Charakteristische Werte		
Ständig:			
- Eigengewicht:			
0,14m * 5,65m * 7,22m * 25kN/m³	G_k	=	142,78 kN
- Dachkonstruktion (siehe Pos. B01 bzw. B02)	$g_{k,Dach}$	=	1,653kN/m²
Veränderlich:			
- Windlast:(Zone 1 (Binnenland), h ≤ 10m, h/d =0,33)			
Druck: 0,5kN/m² * 0,8	$q_{k,w}$	=	0,4 kN/m²

- Schneelast (siehe Pos. B01 bzw. B02) | $q_{k,s}$ = 0,52 kN/m²

2. 2 Beiwerte in den Grenzzuständen der Tragfähigkeit

Teilsicherheitsbeiwerte in den Grenzzuständen der Tragfähigkeit:

Einwirkungen	günstige Auswirkungen	ungünstige Auswirkungen
- ständige	γ_G = 1	γ_G = 1,35
- veränderliche	γ_Q = 0	γ_Q = 1,5

3 Schnittgrößenermittlung

3. 1 Grenzzustände der Tragfähigkeit

3. 1. 1 Horizontallasten aus Schiefstellung

Schiefstellung:

$\theta_i = \theta_0 * \alpha_h * \alpha_m$

mit: $\theta_0 = 1/200$

$\alpha_h = 0 \leq 2 / \sqrt{l} \leq 1$

$= 0 \leq 2 / \sqrt{7{,}22} = 0{,}74 \leq 1$

$\alpha_m = \sqrt{(0{,}5 * (1 + 1/m))}$

m entspricht hier der Anzahl der lotrecht, lastabtragenden Bauteile, die mindestens 70% einer mittleren Längskraft aufnehmen.

Überprüfung wie viele und welche Bauteile mind. 70% von ($\sum F_{Ed}/m$) aufnehmen:

$\sum F_{Ed}$: Gesamtlast des Daches

$\sum F_{Ed} = (g_{d,Dach} + q_{d,Dach}) * 18m * 18m$

$= (21{,}02 + 5{,}22) * 18 * 18$ (siehe Position B01, 2.2)

$=$ 8501,76 kN

Da die Innenstützen hier nur geschosshoch ausgebildet wurden, werden hier nur Rand- und Eckstützen als lastabtragend herangezogen.

m	=	12 (Stützen) + 4 (Wände)	=	16
70% * ($\sum F_{Ed}$/m)	=	0,7 * 8,502MN / 16	=	0,372 MN
			=	372 kN

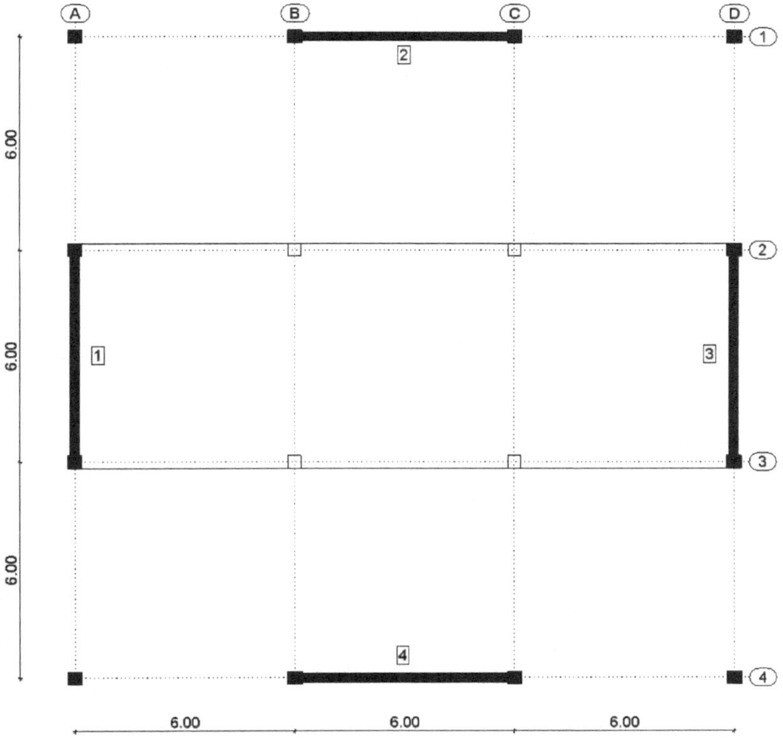

Randstützen mit Binderauflager: (Achse 2 und 3) (4 Stück) (siehe Pos. B01)

$F_{Ed,Rand}$ = 234,17 kN < 372 kN

→ Wird nicht berücksichtigt!

Eck- und Randstützen: (Achse 1 und 4) (8 Stück) (siehe Pos. B02)

$F_{Ed,Eck}$ = 39,87 kN < 372 kN

→ Wird nicht berücksichtigt!

Rand- und Eckstützen werden somit nicht berücksichtigt. Innenstützen brauchen nicht überprüft werden, da diese nur geschosshoch ausgebildet werden und somit keine Lasten des Daches abtragen.

$m = 16 - 12 = 4$

$\rightarrow \alpha_m = \sqrt{(0,5 * (1 + 1/4))} = 0,79$

Daraus ergibt sich der Winkel der Schiefstellung zu:

$\theta_i = \theta_0 * \alpha_h * \alpha_m = 1/200 * 0,74 * 0,79$

$= 2,92 * 10^{-3}$

Horizontallasten aus Lotabweichung:

$H_i = V_i * \theta_i$

Anteil aus ständigen Lasten:

$H_{i,Gd} = 21,02 kN/m^2 * 18m * 18m * 2,92 * 10^{-3}$

$= 19,89\ kN$

Anteil aus veränderlichen Lasten:

$H_{i,Qd} = 5,22 kN/m^2 * 18m * 18m * 2,92 * 10^{-3}$

$= 4,94\ kN$

Nach Gleichgewichtsbedingungen erhalten die Wandscheiben 2 und 4 jeweils die halbe Horizontallast aus Lotabweichung:

Anteil aus ständigen Lasten:

$H_{i,Gd} / 2 = 19,89 / 2 = 9,95\ kN$

Anteil aus veränderlichen Lasten:

$H_{i,Qd} / 2 = 4,94 / 2 = 2,47\ kN$

Gesamte Last: (Bemessungswert)

$H_i / 2 = 9,95 + 2,47 = 12,42\ kN$

Grundriss:

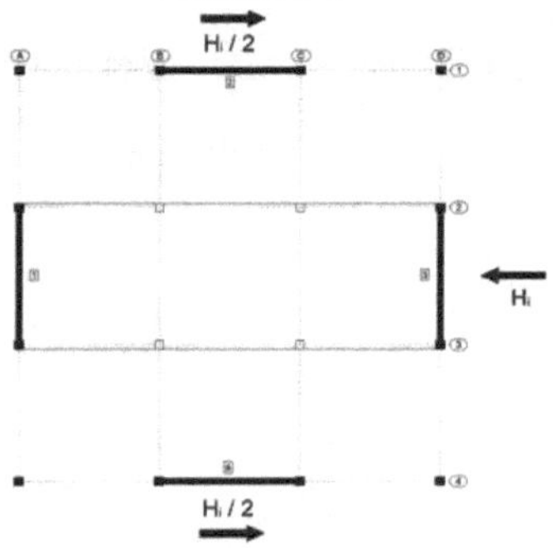

Wandscheibe 2:

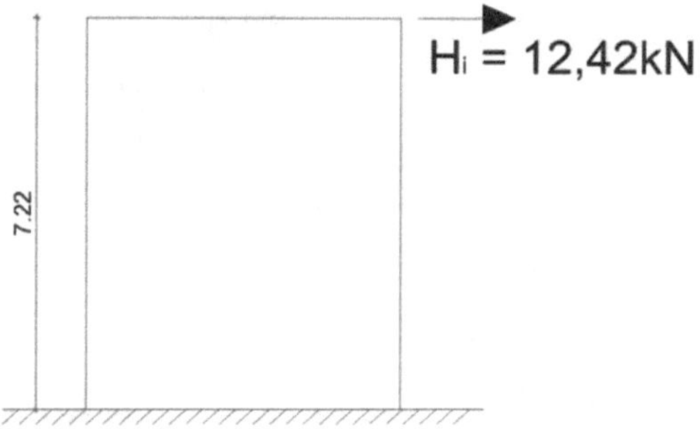

3. 1. 2 Horizontallasten aus Wind

Eine möglich Exzentrizität des Windlastangriffs von e = L/10 wird hier berücksichtigt.

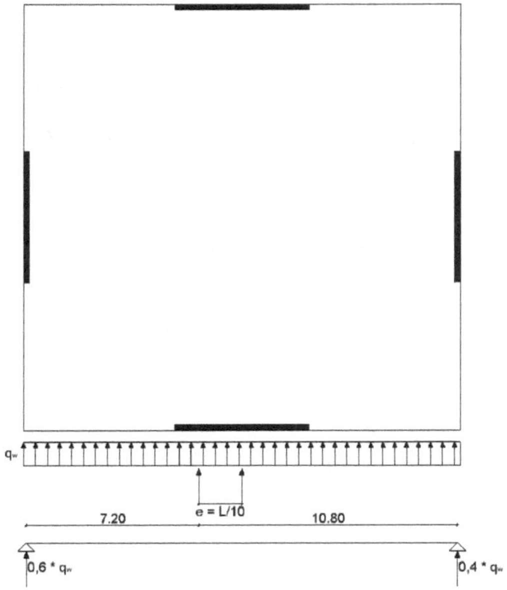

$q_{k,w}$ = 0,4 kN/m²

$q_{d,w}$ = 1,5 * 0,4

= 0,6 kN/m²

Vertikale Streckenlast auf Wand 2:

w_d = 0,6 *18m* 0,6kN/m²

= 6,48 kN/m

Daraus ergibt sich die horizontale Windlast auf Wandscheibe 2 in Höhe der Dachscheibe zu:

H_{wd} = 6,48 * 7,22

= 46,79 kN

3. 1. 3 Schnittgrößenverläufe infolge Wind und Lotabweichung

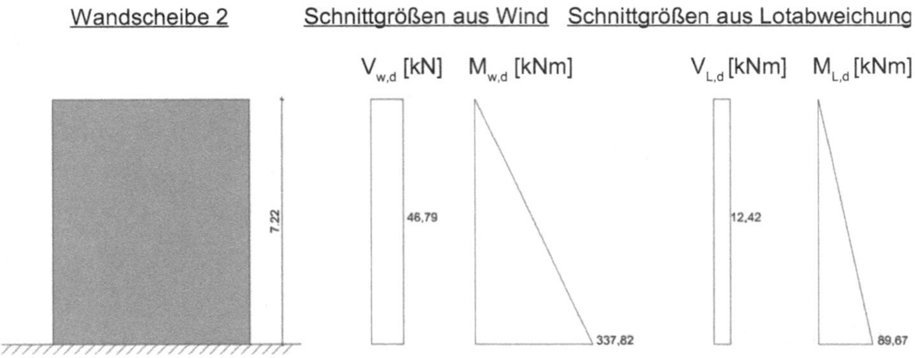

3. 1. 4 Vertikallasten der Wandscheibe 2

Eigengewicht: $G_{k,Wand}$ = 142,78 kN

Ständige Lasten des Daches: $G_{k,Dach}$ = 1,653kN/m² * 6m * 3m = 29,75 kN

Schneelast des Daches: $Q_{k,s}$ = 0,52kN/m² * 6m * 3m = 9,36 kN

3. 1. 5 Bemessungsschnittgrößen

Auf der sicheren Seite liegend werden hier die Kombinationsbeiwerte ψ_0 vernachlässigt.

Lastfall 1: (Größte Druckkraft) (min N)

N_{Ed} = 1,35 * ((-142,78) + (-29,75)) + 1,5 * (-9,36)

= -246,96 kN

Bemessungsmoment aus Lotabweichung:

$M_{Ed,L}$ = 89,67 kNm

Bemessungsmoment aus Wind:

$M_{Ed,w}$ = 337,82 kNm

→ M_{Ed} = 89,67 + 337,82

= 427,49 kNm

Lastfall 2: (kleinste Druckkraft) (max N)

ständige Lasten und Schneelast wirken günstig! → γ_G = 1,0 , γ_Q = 0

N_{Ed} = 1,0 * ((-142,78) + (-29,75)) + 0 * (-9,36)

= -172,53 kN

Bemessungsmoment aus Lotabweichung:

$M_{Ed,L}$ = 89,67 kNm

Bemessungsmoment aus Wind:

$M_{Ed,w}$ = 337,82 kNm

→ M_{Ed} = 89,67 + 337,82

= 427,49 kNm

4 Bemessung in den Grenzzuständen der Tragfähigkeit

4. 1 Bemessungswerte der Baustoffe

Teilsicherheitsbeiwerte in den Grenzzuständen der Tragfähigkeit:

- Beton γ_C = 1,5
- Betonstahl γ_S = 1,15

Beton C25/30:	f_{ck}	=			30 N/mm²
	f_{cd}	=	0,85 * 25 / 1,5	=	14,2 N/mm²
	f_{ctm}	=			2,6 N/mm²
	$f_{ctk;0,05}$	=			1,8 N/mm²
Betonstahl B500B:	f_{yk}	=			500 N/mm²
	f_{yd}	=	500 / 1,15	=	435 N/mm²

4. 2 Bemessung am Wandfuß

Zugkraft:

F_z = M / z + N / 2

z ≈ 0,8 * h = 0,8 * 5,65 = 4,52 m

Lastfall 1:

$$F_{z,LF1} = 427{,}49 / 4{,}52 + (-246{,}96) / 2 = -28{,}9\,kN$$

Lastfall 2:

$$F_{z,LF2} = 427{,}49 / 4{,}52 + (-172{,}53) / 2 = 8{,}31\,kN$$

erforderliche Bewehrung:

$$\text{erf } A_S = F_z / f_{yd} = 8{,}31 / 43{,}5$$

$$= 0{,}19\,cm^2$$

Mindestbewehrung:

$$0{,}3 * f_{cd} * A_c = 0{,}3 * 14{,}2 * 5{,}65 * 0{,}14$$

$$= 3{,}37\,MN > |N_{Ed}| = 0{,}247\,MN$$

$$\rightarrow \quad A_{S,min} = 0{,}15 * |N_{Ed}| / f_{yd} \geq 0{,}0015 * A_c$$

$$= 0{,}15 * 246{,}96 / 43{,}5 \geq 0{,}0015 * 565 * 14$$

$$= 0{,}85\,cm^2 < 11{,}87\,cm^2$$

$$= 11{,}87\,cm^2 > \text{erf } A_S$$

Somit wird hier die Mindestbewehrung maßgebend. Diese ist zur Hälfte $A_{S,min}/2 = 5{,}94 cm^2$ auf jede Wandseite zu verteilen.

Gewählt: Betonstahlmatte B500A

$$Q188A = 1{,}88\,cm^2/m * 5{,}6m = 10{,}53\,cm^2$$

$$> 5{,}94\,cm^2 = A_{S,min} / 2$$

4. 3 Bemessung für Biegung

Im Folgenden wird ein einzelnes Wandelement unter Windbelastung senkrecht zur Wandoberfläche bemessen.

Belastung:

$q_{w,d}$ = 1,5 * 0,4kN/m² * 1,7m = 1,02 kN/m

→ M_{Ed} = 1,02 * 5,65² / 8 = 4,07 kNm

Statische Nutzhöhe:

d = h - $c_{v,l}$ - Ø / 2

= 140 - 30 - 10 / 2

= 105 mm

Bemessungsquerschnitt: b / h / d = 1,7 / 0,14 / 0,105 m

Bemessung mit dimensionslosen Beiwerten:

μ_{Eds} = 0,00407 / (1,7 * 0,105² * 14,2)

= 0,015

Werte für μ_{Eds} = 0,015 interpolieren:

ω = 0,0101 + ((0,0203 - 0,0101) / (0,02 - 0,01)) * 0,005

= 0,0152

erf A_S = ω * b * d * f_{cd} / σ_{sd}

= 0,0152 * 170 * 10,5 * 14,2 / 435

= 0,89 cm²

Die erforderliche Bewehrung ist geringer als die vorhandene Querbewehrung der zuvor gewählten Bewehrungsmatte Q188A. Somit ist keine Zulage erforderlich.

4. 4 Schubkraftübertragung in Fugen

Im Folgenden wird die horizontalen Fuge zwischen den einzelnen Wandelementen bemessen. Durch das Freilegen der Gesteinskörnung im Werk kann die Oberflächenbeschaffenheit der Fuge hier nach DIN EN1992-1-1,6.2.5(2) als "rau" vorausgesetzt werden.

Bemessungswert der Schubspannung in der Fuge:

$v_{Ed} = V_{Ed} / (l_i * b_i)$

mit: l_i = 5,65 m (Länge der Fuge)

b_i = 0,14 m (Breite der Fuge)

v_{Ed} = (0,04679 + 0,01242) / (5,65 * 0,14)

= 0,075 MN/m²

Bemessungswert der Schubtragfähigkeit in der Fuge ohne Verbundbewehrung:

$v_{Rdi} = c * f_{ctd}$ (ohne Bewehrungs- und Reibungsanteil)

mit: c = 0,4 (raue Fuge)

$f_{ctd} = \alpha_{ct} * f_{ctk;0,05} / \gamma_c$

= 0,85 * 1,8 / 1,5

= 1,02 MN/m²

v_{Rdi} = 0,4 * 1,02

= 0,408 MN/m² > v_{Ed} = 0,075 MN/m²

→ Nachweis erfüllt.

4. 5 Kontrolle der Betonzugspannungen

Zur Kontrolle der Betonzugspannungen wird hier der Lastfall 2 aus 3.1.5 als maßgebend angesetzt.

Betonspannung:

$\sigma_c = N_{Ed} / A_c \pm M_{Ed} / W$

mit: A_c = 0,14 * 5,65

= 0,791 m²

W = 1/ 6 * 0,14 * 5,65²

= 0,745 m³

σ_c	=	$((-172,53 / 0,791) \pm (427,49 / 0,745)) * 10^{-3}$				
$\sigma_{c,1}$	=	0,356 MN/m²	<	f_{ctm}	=	2,6 MN/m²
$\sigma_{c,2}$	=	-0,792 MN/m²	<	f_{ctm}	=	2,6 MN/m²

→ Nachweis erfüllt.

Position F01: Blockfundament der Randstütze

Zu bemessen ist ein Blockfundament für die Fertigteil-Randstütze. Das Fundament wird als angeformtes Fundament am Stützenfuß ausgebildet. Die Belastungen ergeben sich aus der Bemessung der Randstütze (Position S01). Vorwiegend ruhende Einwirkungen.

Baustoffe:

- Beton:	C25/30	für das Fundament
- Beton:	C30/37	für die Fertigteil-Randstütze
- Betonstahl:	B500B	(hochduktil)

1 System, Baustoffe, Einwirkungen

1. 1 System

Schnitt:

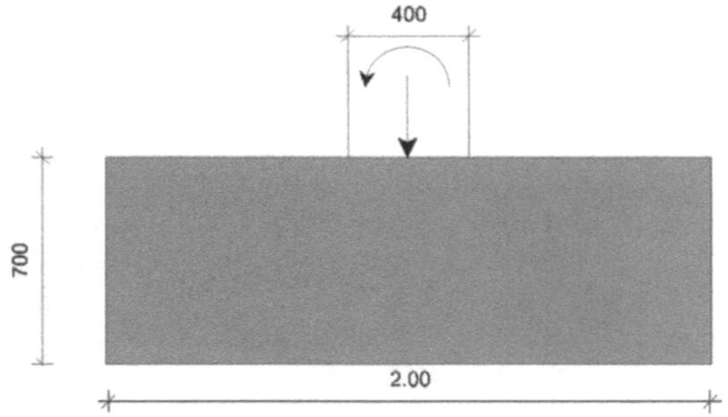

Grundriss:

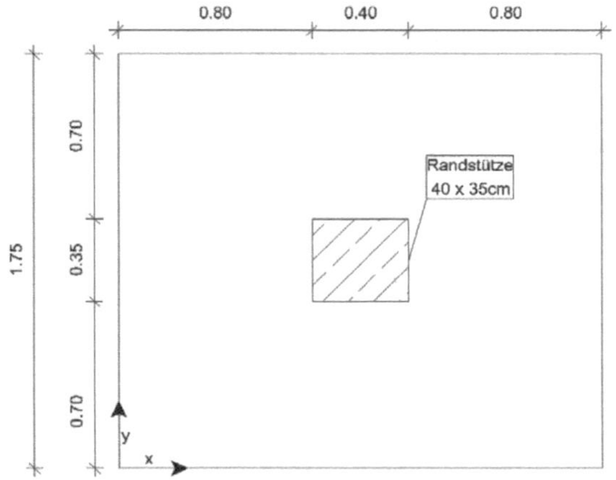

1. 2 Mindestfestigkeitsklasse, Betondeckung

Expositionsklasse für Bewehrungskorrosion

infolge Karbonatisierung: XC2

Mindestfestigkeitsklasse Beton: C16/20

Gewählt: C25/30 XC2

Betondeckung nach Kriterium der Dauerhaftigkeit:

Mindestbetondeckung	c_{min}	=	20mm - 5 mm
+ Vorhaltemaß	Δc_{dev}	=	15mm
= Nennmaß der Betondeckung	c_{nom}	=	30mm

(Abminderung von $c_{min,dur}$ nach DIN EN 1992-1-1/NA, Tabelle 4.3DE)

Betondeckung nach Kriterium des Verbundes: $c_{min,b} \geq$ Stabdurchmesser

Wird hier nur maßgebend, wenn Stabdurchmesser ≥ 20mm gewählt wird.

Daraus ergibt sich das Verlegemaß für die außenliegende Bewehrung:

Stabstahl Ø 10: c_V = 30mm

2 Einwirkungen

2. 1 Charakteristische Werte

Bezeichnung der Einwirkung	Charakteristische Werte
Ständig:	
-Fundament (Eigengewicht) :	
2m * 1,75m * 0,7m * 25kN/m³	G_k = 61,25 kN
-Schnittgrößen der Randstütze am Stützenfuß:	
$N_{Ek,G}$ = 211,83 kN	$N_{Ek,G}$ = 211,83 kN
$M_{Ek,G}$ = 25,51 kNm	$M_{Ek,G}$ = 25,51 kNm

Veränderlich:

-Schnittgrößen der Randstütze am Stützenfuß:

$N_{Ek,Q}$ =	27,85kN + 5,36kN + 26,16kN	$N_{Ek,Q}$	=	59,37 kN
$M_{Ek,Q}$ =	2,09kNm + 62,96kNm + 7,85kNm	$M_{Ek,Q}$	=	72,9 kNm

2. 2 Bemessungswerte in den Grenzzuständen der Tragfähigkeit

Teilsicherheitsbeiwerte in den Grenzzuständen der Tragfähigkeit:

Einwirkungen	ungünstige Auswirkungen		
- ständige	γ_G	=	1,35
- veränderliche	γ_Q	=	1,5

Bemessungsschnittgrößen:

N_{Ed} = 1,35 * (61,25 + 211,83) + 1,5 * 59,37

= 457,71 kN

M_{Ed} = 1,35 * 25,51 + 1,5 * 72,9

= 143,79 kNm

2. 3 Repräsentative Werte in den Grenzzuständen der Gebrauchstauglichkeit

Kombinationsbeiwert: $\psi_{2,i}$ = 0,5

quasi-ständige Einwirkungskombination:

E_{perm} = $G_k + \psi_{2,1} * Q_{k,1}$

→ N_{perm} = 61,25 + 211,83 + 0,5 * 59,37

= 302,77 kN

M_{perm} = 25,51 + 0,5 * 72,9

= 61,96 kNm

3 Allgemeine Nachweise für Fundamente

3. 1 Nachweis der klaffenden Fuge

Der Nachweis der Begrenzung der klaffenden Fuge ist unter charakteristischen Einwirkungen zu führen.

Keine klaffende Fuge, wenn: $e_x \leq b_x / 6$

$e_x = M_{Ek} / N_{Ek} = (25{,}51 + 72{,}9) / (61{,}25 + 211{,}83 + 59{,}37)$

$= 0{,}296\ m$

$b_x / 6 = 2 / 6 = 0{,}333\ m$

$> 0{,}296\ m$

→ Nachweis erfüllt.

3. 2 Nachweis des zulässigen Sohldrucks

Der Nachweis der Sohlpressung erfolgt mit Bemessungslasten.

Wirksame Sohlfläche:

$A' = b'_x * b'_y$

mit: $b'_x = b_x - 2 * e_x$

$b'_y = b_y$

$A' = (2 - 2 * 0{,}296) * 1{,}75$

$= 2{,}46\ m^2$

Der Nachweis ist erfüllt, wenn:

$\sigma_{Ed} = N_{Ed} / A' + \gamma_{Beton} * h \leq \sigma_{Rd} = 220\ kN/m^2$

$\sigma_{Ed} = 457{,}71 / 2{,}46 + 25 * 0{,}7$

$= 203{,}56\ kN/m^2 \leq \sigma_{Rd} = 220\ kN/m^2$

→ Nachweis erfüllt.

3. 2 Nachweis Kippen

Der Kippnachweis erfolgt mit Bemessungslasten.

Der Nachweis ist erfüllt, wenn:

$M_{Qk,dst} * \gamma_{Q,dst} \leq M_{Gk,st} * \gamma_{G,stb}$

$72{,}9 * 1{,}5 \leq (211{,}83 + 61{,}25) * 2/2 * 0{,}9$

$109{,}35\ \text{kNm} \leq 245{,}77\ \text{kNm}$

→ Nachweis erfüllt.

4 Bemessung in den Grenzzuständen der Tragfähigkeit

4. 1 Bemessungswerte der Baustoffe

Teilsicherheitsbeiwerte in den Grenzzuständen der Tragfähigkeit:

- Beton $\gamma_C = 1{,}5$
- Betonstahl $\gamma_S = 1{,}15$

Beton C25/30: $f_{ck} = 25\ \text{N/mm}^2$

$f_{cd} = 0{,}85 * 25 / 1{,}5 = 14{,}2\ \text{N/mm}^2$

Betonstahl B500B: $f_{yk} = 500\ \text{N/mm}^2$

$f_{yd} = 500 / 1{,}15 = 435\ \text{N/mm}^2$

4. 2 Bemessungsmomente im Fundament

Bemessungsmoment um die y-Achse:

$M_{Edy} = b_y * (\sigma_{Edm} * b_x^2 / 8 + \Delta\sigma_{Ed} * b_x^2 / 12)$

mit: $\sigma_{Ed1,2} = N_{Ed} / (b_x * b_y) * (1 \pm 6 * e_x / b_x)$

$= 0{,}45771 / (2 * 1{,}75) * (1 \pm 6 * 0{,}296 / 2)$

$\sigma_{Ed1} = 0{,}247\ \text{MN/m}^2$

$\sigma_{Ed2} = 0{,}015\ \text{MN/m}^2$

→ $\sigma_{Edm} = (0{,}247 + 0{,}015) / 2$

$= 0{,}131\ \text{MN/m}^2$

$\Delta\sigma_{Ed}$ = 0,247 - 0,131

= 0,116 MN/m²

M_{Edy} = 1,75 * (0,131 * 2² / 8 + 0,116 * 2² / 12)

= 0,182 MNm

Bemessungsmoment um die x-Achse:

M_{Edx} = N_{Ed} * b_y / 8 * (1 - c_y / b_y)²

= 0,45771 * 1,75 / 8 * (1 - 0,35 / 1,75)²

= 0,064 MNm

4. 3 Bemessung für Biegung

4. 3. 1 Biegebewehrung in x-Richtung

statische Nutzhöhe: (Annahme: Längbewehrung Ø10, Bügel Ø14)

d_x = h - c_V - $Ø_{Bü}$ - 0,5 * $Ø_l$

= 700 - 30 - 14 - 0,5 * 10

= 651 mm

Bemessungsquerschnitt: b_y / h / d_x = 1,75 / 0,7 / 0,65m

Bemessung mit dimensionslosen Beiwerten:

μ_{Eds} = M_{Eds} / (b * d² * f_{cd})

= 0,182 / (1,75 * 0,65² * 14,2)

= 0,02

Werte für μ_{Eds} = 0,02 ablesen:

ω = 0,0203

erf A_S = ω * b * d * f_{cd} / σ_{sd}

= 0,0203 * 175 * 65 * 14,2 / 435

= 7,54 cm²

Verteilung der Biegezugbewehrung in x-Richtung:

c_y / b_y = 0,35 / 1,75 = 0,2

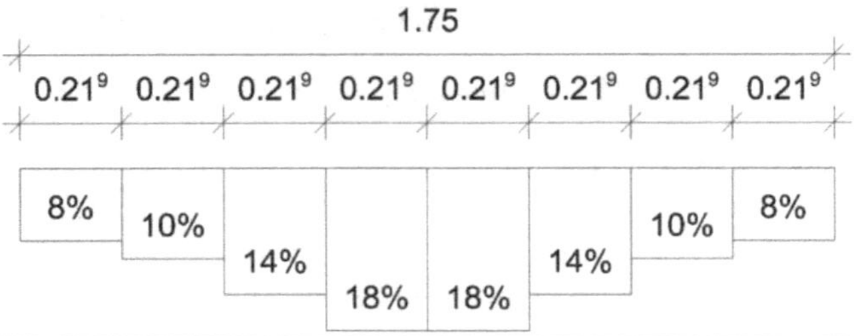

Erforderliche Längsbewehrung: erf A_s = 7,54 cm²

0,60	0,75	1,06	1,36	1,36	1,06	0,75	0,60

Gewählte Längsbewehrung in x-Richtung: B500B

1 Ø 10	1 Ø 10	2 Ø 10	2 Ø 10	2 Ø 10	2 Ø 10	1 Ø 10	1 Ø 10
0,79	0,79	1,57	1,57	1,57	1,57	0,79	0,79

ΣA_s = 9,42 cm² > 7,54 cm² = erf A_s

4. 3. 2 Biegebewehrung in y-Richtung

statische Nutzhöhe: (Annahme: Längbewehrung Ø10)

d_y = d_x - $Ø_l$

= 651 - 10

= 641 mm

Bemessungsquerschnitt: $b_x / h / d_y$ = 2 / 0,7 / 0,64m

Bemessung mit dimensionslosen Beiwerten:

μ_{Eds} = M_{Eds} / (b * d² * f_{cd})

= 0,064 / (2 * 0,64² * 14,2)

= 0,0056 ≈ 0,01

Werte für μ_{Eds} = 0,01 ablesen:

ω = 0,0101

erf A_s = ω * b * d * f_{cd} / σ_{sd}

= 0,0101 * 200 * 64 * 14,2 / 435

= 4,22 cm²

Verteilung der Biegezugbewehrung in y-Richtung:

c_x / b_x = 0,4 / 2 = 0,2

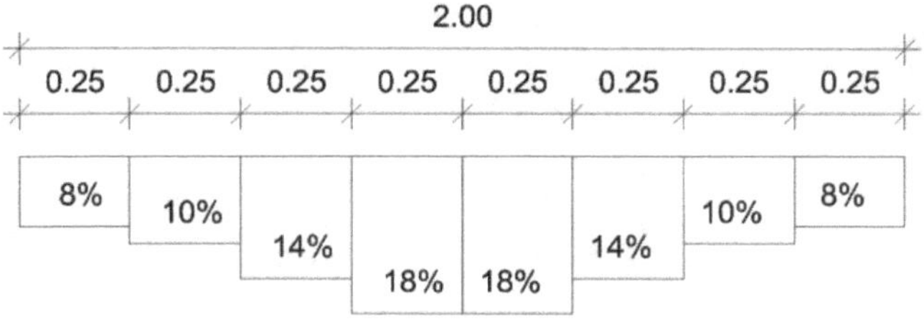

Erforderliche Längsbewehrung: erf A_s = 4,22 cm²

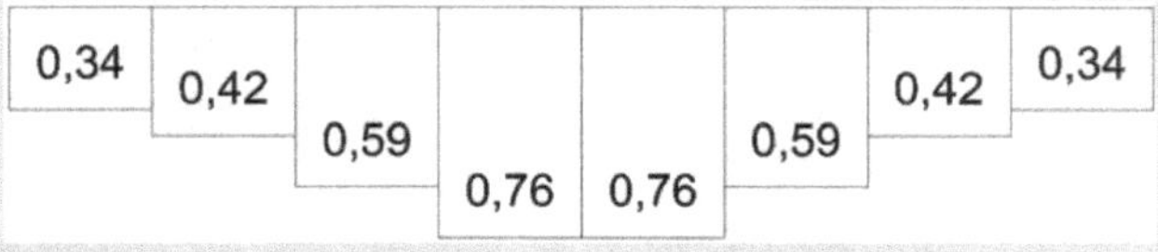

Gewählte Längsbewehrung in y-Richtung: B500B

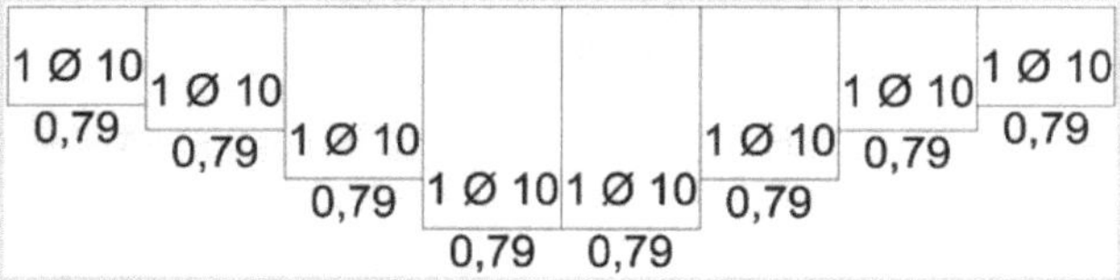

$\sum A_s$ = 6,28 cm² > 4,22 cm² = erf A_s

4. 3. 3 Mindestbewehrung zur Sicherstellung der Querkrafttragfähigkeit

Zur Sicherstellung der Querkrafttragfähigkeit sind Platten für Mindestmomente m_{Ed} zu bemessen, falls die Schnittgrößenermittlung nicht zu höheren Werten führt.

Da das Fundament zentrisch durch die Stütze belastet wird, wird die Stütze hier als Innenstütze angesehen.

Mindestmoment:

$m_{Ed} = \eta * V_{Ed}$

mit: $\eta_x = \eta_y = 0{,}125$

Die Querkraft darf um die günstige Wirkung des Sohldrucks unter der Lasteinleitungsfläche A_{load} reduziert werden:

$\sigma_{gd,m} = 0{,}45771 MN / (2m * 1{,}75m)$

$= 0{,}13\ MN/m^2$

$V_{Ed,red} = V_{Ed} - \sigma_{gd,m} * A_{load}$

$= 0{,}45771 - 0{,}13 * 0{,}4 * 0{,}35$

$= 0{,}44\ MN$

Mindestmoment:

$m_{Ed,x} = m_{Ed,y} = 0{,}125 * 0{,}44$

$= 0{,}055\ MNm/m$

Erforderliche Bewehrung:

$F_{sd} = m_{Ed} / z = 0{,}055 / (0{,}9 * 0{,}65)$

$= 0{,}094\ MN/m$

$\text{erf } A_S = F_{sd} / f_{yd} = 10^4 * 0{,}094 / 435$

$= 2{,}16\ cm^2/m$

Überprüfung ob Zulagen erforderlich sind:

-In x-Richtung: $A_{S,x,innen}$ = 6,28cm² / 0,875m

= 7,18 cm²/m > 2,16 cm²/m

-In y-Richtung: $A_{S,y,innen}$ = 3,14cm² / 1m

= 3,14 cm²/m > 2,16 cm²/m

→ Es sind keine Zulagen zur Sicherstellung der Querkrafttragfähigkeit erforderlich.

4. 4 Bemessung für Querkraft

Fundamentschlankheit:

$\lambda = a_\lambda / d$

$\lambda_x = 0{,}5 * (2m - 0{,}4m) / 0{,}65m$

$= 1{,}23 < 2$

$\lambda_x = 0{,}5 * (1{,}75m - 0{,}35m) / 0{,}64m$

$= 1{,}09 < 2$

Damit gilt das Fundament als gedrungen und der maßgebende kritische Rundschnitt ist iterativ im Bereich ≤ 2,0d zu ermitteln. Der maßgebende kritische Rundschnitt ist gefunden, wenn die Durchstanztragfähigkeit unter Berücksichtigung des Abzugswertes des Sohldrucks ein Minimum annimmt.

Nachweis mit Durchstanzwiderstand ohne Durchstanzbewehrung:

$\beta * V_{Ed,red} \leq V_{Rd,c}$

Nach umformen mit $V_{Ed,red} = V_{Ed} - A_{crit} * V_{Ed} / A_F$ ergibt sich die Formel zu:

$\beta * V_{Ed} \leq V_{Rd,c} / (1 - A_{crit} / A_F)$

$V_{Rd,c,i} = (0{,}15 / \gamma_c) * k * (100 * \rho_l * f_{ck})^{1/3} * 2 * d / a_i$

$\geq v_{min} * 2 * d / a_i$

mit: γ_c = 1,5

f_{ck} = 25 N/mm²

$k = 1 + (200 / d)^{1/2}$

$= 1 + (200 / 640)^{1/2} = 1,56$

$b_{eff} = c + 2 * 3 * d$

$= 0,35 + 2 * 3 * 0,64 = 4,19m$

$> b_x$ bzw. b_y

→ gesamte Fundamentbreite ansetzen

$\rho_{l,x} = 9,42 / (175 * 65) = 0,083\%$

$\rho_{l,y} = 6,28 / (200 * 64) = 0,049\%$

$\rho_l = (\rho_{l,x} * \rho_{l,y})^{1/2} < 0,5 * f_{cd} / f_{yd} < 2\%$

$= (0,083 * 0,049)^{1/2} = 0,064\%$

$< 0,5 * 14,2 / 435 = 1,630\%$

An der Stelle $a_i = 2 * d$:

$v_{Rd,c,2d} = (0,15 / 1,5) * 1,56 * (100 * 0,00064 * 25)^{1/3} * 2 * d / (2 * d)$

$= 0,182\ MN/m^2 \geq v_{min} * 2 * d / (2 * d)$

Mindestwert de Betontragfähigkeit: (interpoliert für d = 650)

$v_{min} = (0,04875 / \gamma_c) * k^{3/2} * (f_{ck})^{1/2}$

$= (0,04875 / 1,5) * 1,56^{3/2} * (25)^{1/2}$

$= 0,317\ MN/m^2$ → maßgebend

Iterative Ermittlung des kritischen Rundschnitts a_i:

mit: $A_F = 2 * 1,75 = 3,5\ m^2$

$u_i = 2 * (c_x + c_y) + 2 * \pi * a_i$

$A_{crit,i} = c_x * c_y + 2 * (c_x + c_y) * a_i + \pi * a_i^2$

$v_{Rd,c,i} = v_{min} * 2 * d / a_i$

$V_{Rd,c,i} = v_{Rd,c,i} * u_i * d / (1 - A_{crit} / A_F)$

a_{crit} / d	a_i	u_i	$A_{crit,i}$	$v_{Rd,c,i}$	$V_{Rd,c,i}$	$V_{Rd,c,i} / (1 - A_{crit} / A_F)$
[-]	[m]	[m]	[m²]	[MN/m²]	[MN]	[MN]
2	1,3	9,668	7,399	0,317	-1,788	1,605
1,5	0,975	7,626	4,589	0,423	-6,739	21,659
1	0,65	5,584	2,44	0,634	7,598	25,088
0,9	0,585	5,176	2,093	0,704	5,892	14,657
0,8	0,52	4,767	1,769	0,793	4,968	10,045
0,7	0,455	4,359	1,473	0,906	4,43	7,649
0,6	0,39	3,95	1,203	1,057	4,135	6,301
0,5	0,325	3,542	0,959	1,268	4,021	5,539
0,4	**0,26**	**3,134**	**0,742**	**1,585**	**4,097**	**5,199**
0,3	0,195	2,725	0,552	2,113	4,443	5,275
0,2	0,13	2,317	0,388	3,17	5,369	6,038
0,1	0,065	1,908	0,251	6,34	8,47	9,124

Der maßgebende kritische Rundschnitt liegt demnach bei a_{crit} = 0,4 * d = 0,26m, u_1 = 3,134m.

Lasterhöhungsfaktor β:

$$\beta = 1 + 1{,}8 \cdot \sqrt{(e_y / b_x)^2 + (e_x / b_y)^2} \geq 1{,}1$$

mit:

$$b_x = c_x + 2 \cdot a_{crit} = 0{,}4 + 2 \cdot 0{,}26 = 0{,}92\,m$$

$$b_y = c_y + 2 \cdot a_{crit} = 0{,}35 + 2 \cdot 0{,}26 = 0{,}87\,m$$

$$\beta = 1 + 1{,}8 \cdot \sqrt{0 + (0{,}296 / 0{,}87)^2} = 1{,}61 \geq 1{,}1$$

Nachweis im kritischen Rundschnitt a_{crit} = 0,26m :

$$\beta * V_{Ed,red} \leq V_{Rd,c}$$

mit: $V_{Ed,red} = V_{Ed} - A_{crit} * \sigma_{gd,m}$

$= 0{,}45771 - 0{,}742 * 0{,}13$

$= 0{,}361\ MN$

$V_{Rd,c} = v_{min} * 2 * d / a_{crit} * (u_1 * d)$

$= 0{,}317 * 2 * 0{,}65 / 0{,}26 * (3{,}134 * 0{,}65)$

$= 3{,}229\ MN$

→ $1{,}61 * 0{,}361 = 0{,}58\ MN < 3{,}229\ MN$

Somit ist eine ausreichende Querkrafttragfähigkeit gewährleistet und keine Durchstanzbewehrung erforderlich.

5 Bemessung in den Grenzzuständen der Tragfähigkeit

5. 1 Begrenzung der Spannungen unter Gebrauchsbedingungen

Nach DIN EN 1992-1-1/ NA dürfen Spannungsnachweise für nicht vorgespannte Tragwerke des üblichen Hochbaus im Allgemeinen entfallen, wenn die Schnittgrößen nach Elastizitätstheorie ermittelt, im Grenzzustand der Tragfähigkeit um nicht mehr als 15% umgelagert wurden und die bauliche Durchbildung nach Abschnitt 9 durchgeführt wirdund insbesondere die Festlegung der Mindestbewehrungen eingehalten sind. Diese Bedingungen sind hier eingehalten, somit können die Spannungsnachweise unter Gebrauchsbedingungen entfallen.

5. 2 Begrenzung der Rissbreite für die statisch erforderliche Bewehrung

Die Anforderungen an die Dauerhaftigkeit des Fundaments gelten bei der hier vorausgesetzten Expositionsklasse XC2 als erfüllt, wenn der Rechenwert der Rissbreite auf w_k = 0,3mm in der quasi-ständigen Einwirkungskombination begrenzt wird.

Biegemoment unter quasi-ständiger Einwirkungskombination (analog zu 4.2):

mit: M_{perm} = 61,96 kNm

N_{perm} = 302,77 kN

→ σ_{Ed1} = 0,163 MN/m²

σ_{Ed2} = 0,01 MN/m²

σ_{Edm} = 0,087 MN/m²

$\Delta\sigma_{Ed}$ = 0,076 MN/m²

→ $M_{Ed,perm}$ = 1,75 * (0,087 * 2² / 8 + 0,076 * 2² / 12)

= 0,12 MNm = 120 kNm

Biegemoment aus Bemessung (4.2):

M_{Ed} = 182 kNm

Stahlspannung:

$\sigma_{S,perm}$ ≈ (M_{perm} / M_{Ed}) * (erf A_S / vorh A_S) * σ_{sd}

≈ (120 / 182) * (7,54 / 9,42) * 435

= 229,57 N/mm²

Grenzdurchmesser $Ø_S$ für w_k = 0,3mm, σ_S = 240N/mm² nach DIN EN 1992-1-1, Tab.7.2N:

$Ø_S$ = 16 mm

Modifikation des Grenzdurchmessers:

max Ø = $Ø_S$ * σ_S * A_S / (4 * (h - d) * b * 2,9) ≥ $Ø_S$ * $f_{ct,eff}$ / 2,9

= 16 * 229,57 * 942 / (4 * (700 - 650) * 2000 * 2,9)

= 2,98 mm < 16 * 2,6 / 2,9 = 14,34 mm

vorh Ø = 10mm < 14 mm

→ Nachweis erfüllt.

6 Bewehrungsführung, bauliche Durchbildung

6. 1 Verankerung der Biegezugbewehrung

Um die Verankerung der Biegezugbewehrung zu gewährleisten werden alle Stäbe Ø 10 bis zu den Plattenrändern geführt und dort konstruktiv mit Winkelhaken verankert.

Mit einem Mindestbiegerolldurchmesser von 4Ø ergibt sich die Länge des Endhakens zu:

$$l_H = 5 * Ø + D_{min} / 2 + Ø$$

$$= 5 * 10 + 4 * 10 / 2 + 10$$

$$= 80\,mm$$

Position F02: Blockfundament der Innenstütze

Zu bemessen ist ein quadratisches Blockfundament für die Fertigteil-Innenstütze. Das Fundament wird als angeformtes Fundament am Stützenfuß ausgebildet. Die Belastungen ergeben sich aus der Bemessung der Innenstütze (Position S02). Vorwiegend ruhende Einwirkungen.

Baustoffe:

- Beton:	C25/30	für das Fundament
- Beton:	C30/37	für die Fertigteil-Innenstütze
- Betonstabstahl:	B500B	(hochduktil)

1 System, Baustoffe, Einwirkungen

1. 1 System

Schnitt:

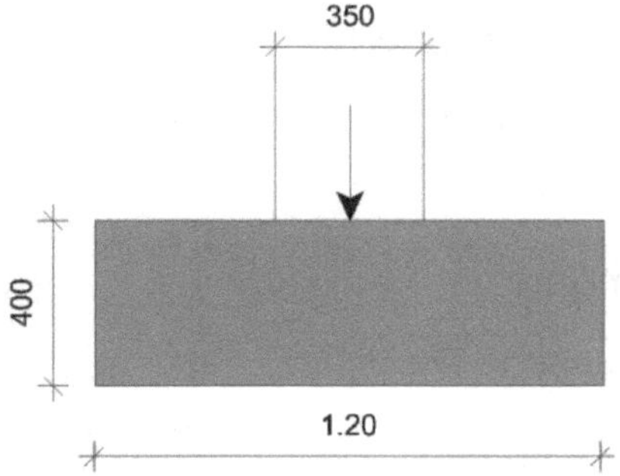

Grundriss:

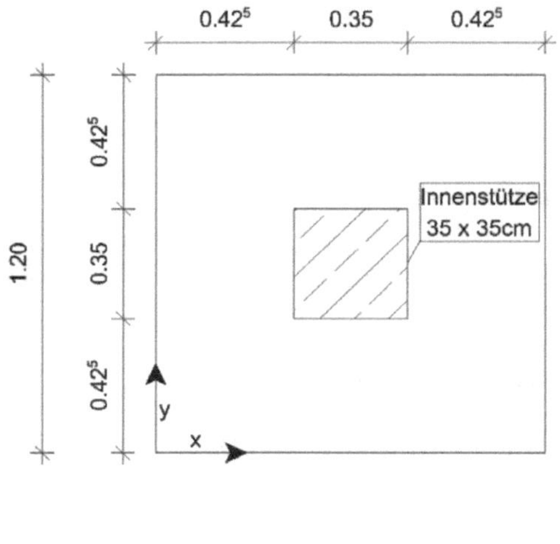

1. 2 Mindestfestigkeitsklasse, Betondeckung

Expositionsklasse für Bewehrungskorrosion

infolge Karbonatisierung: XC2

Mindestfestigkeitsklasse Beton: C16/20

Gewählt: C25/30 XC2

Betondeckung nach Kriterium der Dauerhaftigkeit:

Mindestbetondeckung	c_{min}	=	20mm - 5 mm
+ Vorhaltemaß	Δc_{dev}	=	15mm
= Nennmaß der Betondeckung	c_{nom}	=	30mm

(Abminderung von $c_{min,dur}$ nach DIN EN 1992-1-1/NA, Tabelle 4.3DE)

Betondeckung nach Kriterium des Verbundes: $c_{min,b} \geq$ Stabdurchmesser

Wird hier nur maßgebend, wenn Stabdurchmesser ≥ 20mm gewählt wird.

Daraus ergibt sich das Verlegemaß für die außenliegende Bewehrung:

Stabstahl Ø 10: c_V = 30mm

2 Einwirkungen

2. 1 Charakteristische Werte

Bezeichnung der Einwirkung	Charakteristische Werte		
Ständig:			
-Fundament (Eigengewicht) :			
1,2m * 1,2m * 0,4m * 25kN/m³	G_k	=	14,4 kN
-Schnittgrößen der Innenstütze am Stützenfuß:			
$N_{Ek,G}$ = 110,97 kN	$N_{Ek,G}$	=	110,97 kN
Veränderlich:			
-Schnittgrößen der Innenstütze am Stützenfuß:			
$N_{Ek,Q}$ = 27,85kN + 5,36kN + 26,16kN	$N_{Ek,Q}$	=	52,32 kN

2. 2 Bemessungswerte in den Grenzzuständen der Tragfähigkeit

Teilsicherheitsbeiwerte in den Grenzzuständen der Tragfähigkeit:

Einwirkungen	ungünstige Auswirkungen		
- ständige	γ_G	=	1,35
- veränderliche	γ_Q	=	1,5

Bemessungsschnittgrößen:

N_{Ed} = 1,35 * (14,4 + 110,97) + 1,5 * 52,32

= 247,73 kN

M_{Ed} = 0 kNm

2. 3 Repräsentative Werte in den Grenzzuständen der Gebrauchstauglichkeit

Kombinationsbeiwert: $\psi_{2,i}$ = 0,5

quasi-ständige Einwirkungskombination:

E_{perm} = $G_k + \psi_{2,1} * Q_{k,1}$

→ N_{perm} = 14,4 + 110,97 + 0,5 * 52,32

= 151,53 kN

M_{perm} = 0 kNm

3 Allgemeine Nachweise für Fundamente

3. 1 Nachweis der klaffenden Fuge

Der Nachweis der Begrenzung der klaffenden Fuge ist unter charakteristischen Einwirkungen zu führen.

Keine klaffende Fuge, wenn: $e_x \leq b_x / 6$

e_x = M_{Ek} / N_{Ek}

= 0 m

$b_x / 6 \quad = \quad 1{,}2 / 6 \quad = \quad 0{,}2\,m$

$> \quad 0\,m$

→ Nachweis erfüllt.

3. 2 Nachweis des zulässigen Sohldrucks

Der Nachweis der Sohlpressung erfolgt mit Bemessungslasten.

Wirksame Sohlfläche:

$A' \quad = \quad b'_x * b'_y$

mit: $b'_x \quad = \quad b_x$

$b'_y \quad = \quad b_y$

$A' \quad = \quad 1{,}2 * 1{,}2$

$= \quad 1{,}44\,m^2$

Der Nachweis ist erfüllt, wenn:

$\sigma_{Ed} \quad = \quad N_{Ed} / A' + \gamma_{Beton} * h \quad \leq \quad \sigma_{Rd} \quad = \quad 220\,kN/m^2$

$\sigma_{Ed} \quad = \quad 247{,}73 / 1{,}44 + 25 * 0{,}4$

$= \quad 182{,}03\,kN/m^2 \quad \leq \quad \sigma_{Rd} \quad = \quad 220\,kN/m^2$

→ Nachweis erfüllt.

3. 2 Nachweis Kippen

Der Kippnachweis erfolgt mit Bemessungslasten.

Der Nachweis ist erfüllt, wenn:

$M_{Qk,dst} * \gamma_{Q,dst} \quad \leq \quad M_{Gk,st} * \gamma_{G,stb}$

$0 * 1{,}5 \quad \leq \quad (110{,}97 + 14{,}4) * 1{,}2 / 2 * 0{,}9$

$0\,kNm \quad \leq \quad 67{,}7\,kNm$

→ Nachweis erfüllt.

4 Bemessung in den Grenzzuständen der Tragfähigkeit

4. 1 Bemessungswerte der Baustoffe

Teilsicherheitsbeiwerte in den Grenzzuständen der Tragfähigkeit:

- Beton $\gamma_C = 1{,}5$
- Betonstahl $\gamma_S = 1{,}15$

Beton C25/30: $f_{ck} = 25\ \text{N/mm}^2$

$f_{cd} = 0{,}85 * 25 / 1{,}5 = 14{,}2\ \text{N/mm}^2$

Betonstahl B500B: $f_{yk} = 500\ \text{N/mm}^2$

$f_{yd} = 500 / 1{,}15 = 435\ \text{N/mm}^2$

4. 2 Bemessungsmomente im Fundament

Bemessungsmoment um die y-Achse:

$$M_{Edy} = b_y * (\sigma_{Edm} * b_x^2 / 8 + \Delta\sigma_{Ed} * b_x^2 / 12)$$

mit:

$$\sigma_{Ed1,2} = N_{Ed} / (b_x * b_y) * (1 \pm 6 * e_x / b_x)$$

$$= 0{,}24773 / (1{,}2 * 1{,}2) * (1 \pm 6 * 0 / 1{,}2)$$

$$\sigma_{Ed1} = 0{,}172\ \text{MN/m}^2$$

$$\sigma_{Ed2} = 0{,}172\ \text{MN/m}^2$$

$$\rightarrow \quad \sigma_{Edm} = (0{,}172 + 0{,}172) / 2$$

$$= 0{,}172\ \text{MN/m}^2$$

$$\Delta\sigma_{Ed} = 0{,}172 - 0{,}172$$

$$= 0\ \text{MN/m}^2$$

$$M_{Edy} = 1{,}2 * (0{,}172 * 1{,}2^2 / 8 + 0)$$

$$= 0{,}037\ \text{MNm}$$

Bemessungsmoment um die x-Achse:

$M_{Edx} = N_{Ed} * b_y / 8 * (1 - c_y / b_y)^2$

$= 0{,}24773 * 1{,}2 / 8 * (1 - 0{,}35 / 1{,}2)^2$

$= 0{,}019$ MNm

4. 3 Bemessung für Biegung

4. 3. 1 Biegebewehrung in x- und y-Richtung

statische Nutzhöhe: (Annahme: Längbewehrung Ø10, Bügel Ø14)

$d_x = h - c_V - Ø_{Bü} - 0{,}5 * Ø_l$

$= 400 - 30 - 14 - 0{,}5 * 10$

$= 351$ mm

$d_y = d_x - Ø_l = 351 - 10$

$= 341$ mm

Vereinfacht wird hier die Nutzhöhe in beide Richtungen mit 0,64m angenommen.

Bemessungsquerschnitt: b / h / d = 1,75 / 0,7 / 0,34m

Bemessung mit dimensionslosen Beiwerten:

$\mu_{Eds} = M_{Eds} / (b * d^2 * f_{cd})$

$= 0{,}037 / (1{,}2 * 0{,}34^2 * 14{,}2)$

$= 0{,}02$

Werte für $\mu_{Eds} = 0{,}02$ ablesen:

$\omega = 0{,}0203$

erf $A_S = \omega * b * d * f_{cd} / \sigma_{sd}$

$= 0{,}0203 * 120 * 34 * 14{,}2 / 435$

$= 2{,}7$ cm²

Verteilung der Biegezugbewehrung in x und y-Richtung:

$$c / b = 0{,}35 / 1{,}2 \approx 0{,}3$$

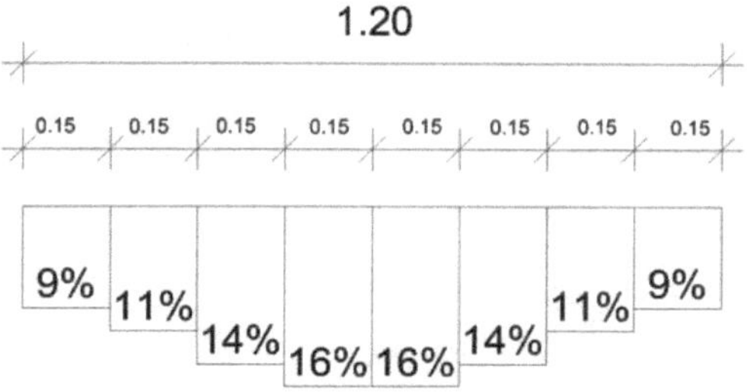

Erforderliche Längsbewehrung: erf A_s = 2,7 cm²

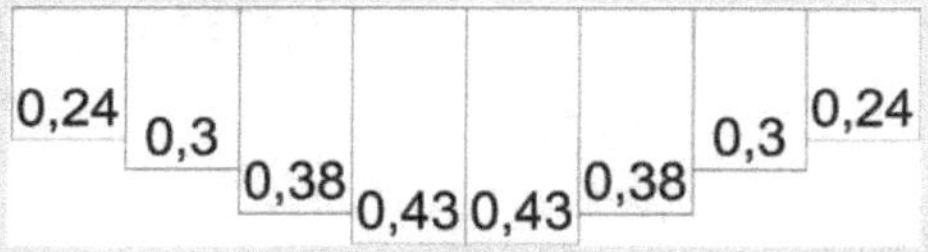

Gewählte Längsbewehrung in x-Richtung: B500B

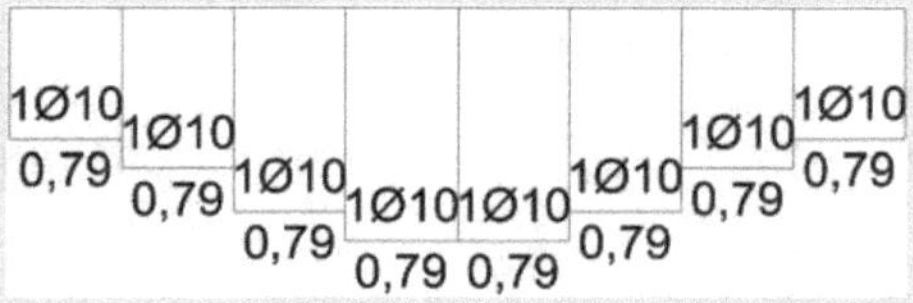

$$\sum A_s = 6{,}28\ \text{cm}^2 > 2{,}7\ \text{cm}^2 = \text{erf } A_s$$

4. 3. 3 Mindestbewehrung zur Sicherstellung der Querkrafttragfähigkeit

Zur Sicherstellung der Querkrafttragfähigkeit sind Platten für Mindestmomente m_{Ed} zu bemessen, falls die Schnittgrößenermittlung nicht zu höheren Werten führt.

Da das Fundament zentrisch durch die Stütze belastet wird, wird die Stütze hier als Innenstütze angesehen.

Mindestmoment:

$$m_{Ed} = \eta * V_{Ed}$$

mit: $\eta_x = \eta_y = 0{,}125$

Die Querkraft darf um die günstige Wirkung des Sohldrucks unter der Lasteinleitungsfläche A_{load} reduziert werden:

$\sigma_{gd,m}$ = 0,24773MN / (1,2m * 1,2m)

= 0,17 MN/m²

$V_{Ed,red}$ = $V_{Ed} - \sigma_{gd,m} * A_{load}$

= 0,24773 - 0,17 * 0,35 * 0,35

= 0,227 MN

Mindestmoment:

$m_{Ed,x}$ = $m_{Ed,y}$ = 0,125 * 0,227

= 0,028 MNm/m

Erforderliche Bewehrung:

F_{sd} = m_{Ed} / z = 0,028 / (0,9 * 0,34)

= 0,091 MN/m

erf A_S = F_{sd} / f_{yd} = 10^4 * 0,091 / 435

= 2,09 cm²/m

Überprüfung ob Zulagen erforderlich sind: (x- und y-Richtung analog)

$A_{S,innen}$ = 3,14cm² / 0,6m

= 5,23 cm²/m > 2,16 cm²/m

→ Es sind keine Zulagen zur Sicherstellung der Querkrafttragfähigkeit erforderlich.

4. 4 Bemessung für Querkraft

Fundamentschlankheit:

λ = a_λ / d

λ = 0,5 * (1,2m - 0,35m) / 0,34m

= 1,25 < 2

Damit gilt das Fundament als gedrungen und der maßgebende kritische Rundschnitt ist iterativ im Bereich ≤ 2,0d zu ermitteln. Der maßgebende kritische Rundschnitt ist gefunden, wenn die Durchstanztragfähigkeit unter Berücksichtigung des Abzugswertes des Sohldrucks ein Minimum annimmt.

Nachweis mit Durchstanzwiderstand ohne Durchstanzbewehrung:

$$\beta * V_{Ed,red} \leq V_{Rd,c}$$

Nach umformen mit $V_{Ed,red} = V_{Ed} - A_{crit} * V_{Ed} / A_F$ ergibt sich die Formel zu:

$$\beta * V_{Ed} \leq V_{Rd,c} / (1 - A_{crit} / A_F)$$

$$V_{Rd,c,i} = (0,15 / \gamma_c) * k * (100 * \rho_l * f_{ck})^{1/3} * 2 * d / a_i$$

$$\geq v_{min} * 2 * d / a_i$$

mit:

$\gamma_c = 1,5$

$f_{ck} = 25\ N/mm^2$

$k = 1 + (200 / d)^{1/2}$

$= 1 + (200 / 340)^{1/2} = 1,77$

$b_{eff} = c + 2 * 3 * d$

$= 0,35 + 2 * 3 * 0,34 = 2,39m$

$> b_x = b_y$

→ gesamte Fundamentbreite ansetzen

$\rho_l = 6,28 / (120 * 34) = 0,154\%$

$\rho_l = 0,154\% < 0,5 * f_{cd} / f_{yd} < 2\%$

$= 0,154\% < 0,5 * 14,2 / 435 = 1,63\%$

An der Stelle $a_i = 2 * d$:

$$v_{Rd,c,2d} = (0,15 / 1,5) * 1,77 * (100 * 0,00154 * 25)^{1/3} * 2 * d / (2 * d)$$

$$= 0,277\ MN/m^2 \geq v_{min} * 2 * d / (2 * d)$$

Mindestwert de Betontragfähigkeit: (für d < 600)

$v_{min} = (0{,}0525 / \gamma_c) * k^{3/2} * (f_{ck})^{1/2}$

$= (0{,}0525 / 1{,}5) * 1{,}77^{3/2} * (25)^{1/2}$

$= 0{,}412$ MN/m² → maßgebend

Iterative Ermittlung des kritischen Rundschnitts a_i:

mit: $A_F = 1{,}2 * 1{,}2 = 1{,}44$ m²

$u_i = 2 * (c_x + c_y) + 2 * \pi * a_i$

$A_{crit,i} = c_x * c_y + 2 * (c_x + c_y) * a_i + \pi * a_i^2$

$v_{Rd,c,i} = v_{min} * 2 * d / a_i$

$V_{Rd,c,i} = v_{Rd,c,i} * u_i * d / (1 - A_{crit} / A_F)$

a_{crit} / d	a_i	u_i	$A_{crit,i}$	$v_{Rd,c,i}$	$V_{Rd,c,i}$	$V_{Rd,c,i} / (1 - A_{crit} / A_F)$
[-]	[m]	[m]	[m²]	[MN/m²]	[MN]	[MN]
2	0,68	5,673	2,527	0,412	-1,053	1,394
1,5	0,51	4,604	1,654	0,549	-5,783	38,91
1	0,34	3,536	0,962	0,824	2,984	8,989
0,9	0,306	3,323	0,845	0,916	2,505	6,063
0,8	0,272	3,109	0,736	1,03	2,227	4,555
0,7	0,238	2,895	0,634	1,177	2,07	3,698
0,6	0,204	2,682	0,539	1,373	2,001	3,198
0,5	0,17	2,468	0,451	1,648	2,013	2,93
0,4	**0,136**	**2,255**	**0,371**	**2,06**	**2,128**	**2,867**
0,3	0,102	2,041	0,298	2,747	2,404	3,031
0,2	0,068	1,827	0,232	4,12	3,051	3,64
0,1	0,034	1,614	0,174	8,24	5,14	5,846

Der maßgebende kritische Rundschnitt liegt demnach bei $a_{crit} = 0{,}4 * d = 0{,}136$m,

u_1 = 2,255m.

Lasterhöhungsfaktor β:

$$\beta = 1 + 1{,}8 * \sqrt{((e_y / b_x)^2 + (e_x / b_y)^2)} \geq 1{,}1$$

$$= 1 + 1{,}8 * \sqrt{(0 + 0)}$$

$$= 1 < 1{,}1$$

Nachweis im kritischen Rundschnitt a_{crit} = 0,136m :

$$\beta * V_{Ed,red} \leq V_{Rd,c}$$

mit: $$V_{Ed,red} = V_{Ed} - A_{crit} * \sigma_{gd,m}$$

$$= 0{,}24773 - 0{,}371 * 0{,}17$$

$$= 0{,}185 \text{ MN}$$

$$V_{Rd,c} = v_{min} * 2 * d / a_{crit} * (u_1 * d)$$

$$= 0{,}412 * 2 * 0{,}34 / 0{,}136 * (2{,}255 * 0{,}34)$$

$$= 1{,}579 \text{ MN}$$

$$\rightarrow \quad 1{,}1 * 0{,}185 = 0{,}424 \text{ MN} < 1{,}579 \text{ MN}$$

Somit ist eine ausreichende Querkrafttragfähigkeit gewährleistet und keine Durchstanzbewehrung erforderlich.

5 Bemessung in den Grenzzuständen der Tragfähigkeit

5. 1 Begrenzung der Spannungen unter Gebrauchsbedingungen

Nach DIN EN 1992-1-1/ NA dürfen Spannungsnachweise für nicht vorgespannte Tragwerke des üblichen Hochbaus im Allgemeinen entfallen, wenn die Schnittgrößen nach Elastizitätstheorie ermittelt, im Grenzzustand der Tragfähigkeit um nicht mehr als 15% umgelagert wurden und die bauliche Durchbildung nach Abschnitt 9 durchgeführt wird und insbesondere die Festlegung der Mindestbewehrungen eingehalten sind.Diese Bedingungen sind hier eingehalten, somit können die Spannungsnachweise unter Gebrauchsbedingungen entfallen.

5. 2 Begrenzung der Rissbreite für die statisch erforderliche Bewehrung

Die Anforderungen an die Dauerhaftigkeit des Fundaments gelten bei der hier vorausgesetzten Expositionsklasse XC2 als erfüllt, wenn der Rechenwert der Rissbreite auf w_k = 0,3mm in der quasi-ständigen Einwirkungskombination begrenzt wird.

Biegemoment unter quasi-ständiger Einwirkungskombination:

mit: M_{perm} = 0 kN

N_{perm} = 151,53 kN

→ σ_{Ed1} = 0,105 MN/m²

σ_{Ed2} = 0,105 MN/m²

σ_{Edm} = 0,105 MN/m²

$\Delta\sigma_{Ed}$ = 0 MN/m²

→ $M_{Ed,perm}$ = 1,2 * (0,105 * 1,2² / 8 + 0)

= 0,023 MNm = 23 kNm

Biegemoment aus Bemessung (4.2):

M_{Ed} = 37 kNm

Stahlspannung:

$\sigma_{S,perm}$ ≈ $(M_{perm} / M_{Ed}) * (\text{erf } A_S / \text{vorh } A_S) * \sigma_{sd}$

≈ (23 / 37) * (2,7 / 6,28) * 435

= 116,26 N/mm²

Grenzdurchmesser $Ø_S$ für w_k = 0,3mm, σ_S = 160N/mm² nach DIN EN 1992-1-1, Tab.7.2N:

$Ø_S$ = 32 mm

Modifikation des Grenzdurchmessers:

$$\max Ø = Ø_S * \sigma_S * A_S / (4 * (h - d) * b * 2{,}9) \geq Ø_S * f_{ct,eff} / 2{,}9$$

$$= 32 * 116{,}26 * 628 / (4 * (400 - 340) * 1200 * 2{,}9)$$

$$= 2{,}8\,\text{mm} < 32 * 2{,}6 / 2{,}9 = 28{,}69\,\text{mm}$$

$$\text{vorh}\,Ø = 10\text{mm} < 28\,\text{mm}$$

→ Nachweis erfüllt.

6 Bewehrungsführung, bauliche Durchbildung

6. 1 Verankerung der Biegezugbewehrung

Um die Verankerung der Biegezugbewehrung zu gewährleisten werden alle Stäbe Ø 10 bis zu den Plattenrändern geführt und dort konstruktiv mit Winkelhaken verankert.

Mit einem Mindestbiegerolldurchmesser von 4Ø ergibt sich die Länge des Endhakens zu:

$$l_H = 5 * Ø + D_{min} / 2 + Ø$$

$$= 5 * 10 + 4 * 10 / 2 + 10$$

$$= 80\,\text{mm}$$

Nachweis der Aussteifung

Für das dargestellte Gebäude ist eine ausreichende räumliche Steifigkeit nachzuweisen. Dies erfolgt durch den Nachweis der Translations- und Rotationssteifigkeit des Systems.

1 System, Baustoffe, Einwirkungen

1. 1 System

Grundriss:

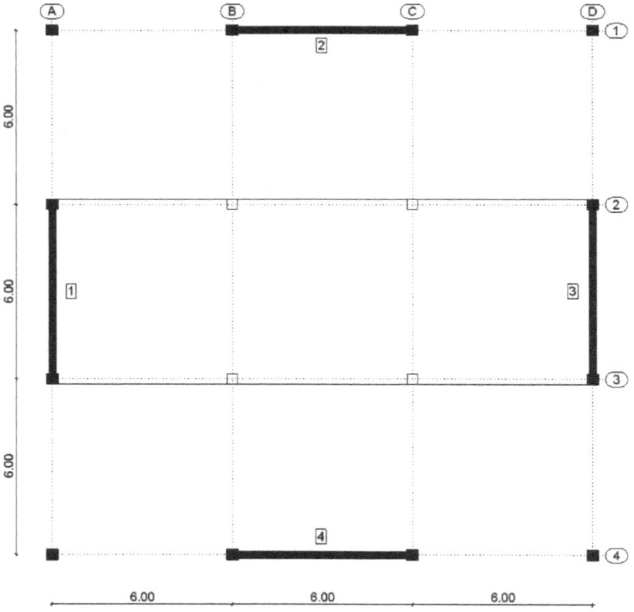

Aufriss:

1. 2 Baustoffe

- Beton: C25/30 → E_{cm} = 31000 MN/m²

- Betonstahl: B500

1. 3 Einwirkungen

- ständige Lasten des Daches: $g_{k,Dach}$ = 1,653 kN/m²

- veränderliche Lasten des Daches: $q_{k,Dach}$ = 0,62 kN/m²

- ständige Lasten der Decke: $g_{k,Decke}$ = 4,69 kN/m²

- veränderliche Lasten der Decke: $q_{k,Decke}$ = 3,2 kN/m²

- Windlasten: $q_{k,w}$ = 0,4 kN/m²

2 Nachweis der Translationssteifigkeit

2. 1 Nachweiskonzept

Das Gebäude besitzt eine ausreichende Translationssteifigkeit, wenn gilt:

$$(F_{V,Ed} * L^2) / (\sum E_{cd} * I_c) \leq K_1 * n_s / (n_s + 1,6)$$

mit:

L Gesamthöhe des Tragwerks

$F_{V,Ed}$ Summe aller Vertikallasten unter Gebrauchslastniveau

$\sum E_{cd} * I_c$ Summe der Nennbiegesteifigkeiten

K_1 K_1 = 0,31 (allgemein)

K_1 = 0,62 (wenn aussteifende Bauteile im GZT nicht gerissen sind)

n_s Anzahl der Geschosse bis zur Einspannung

2. 2 Ermittlung des Grenzwertes

Anzahl der Geschosse bis zur Einspannung:

$$n_s = 1$$

Die aussteifenden Wände sind im Grenzzustand der Tragfähigkeit nicht gerissen (siehe Pos. W02) somit ergibt sich K_1 zu:

K_1 = 0,62

Damit ergibt sich der Grenzwert zu:

0,62 * 1 / (1 + 1,6) = 0,238

2. 3 Bemessungswerte

Bemessungswert des Elastizitätsmoduls des Betons:

E_{cd} = E_{cm} / γ_{CE}

= 31000 / 1,2

= 25833 MN/m²

Summe der Vertikallasten $F_{V,Ed}$:

- Eigengewicht 12 Stützen:(außen)	12 * 7,22 * 0,4 * 0,35 * 25	=	303,24 kN
- Eigengewicht 4 Stützen:(innen)	4 * 7,22 * 0,35² * 25	=	88,45 kN
- Eigengewicht Wand 1-4:	4 * 7,22 * 0,14 * 5,65	=	22,84 kN
- ständige Lasten Dach:	1,653 * 18 * 18	=	535,57 kN
- veränderliche Lasten Dach: (γ_q = 1,0)	0,62 * 18 * 18	=	200,88 kN
- ständige Lasten Decke:	4,69 * 18 * 6	=	506,52 kN
- veränderliche Lasten Decke:	3,2 * 18 * 6	=	345,6 kN
Summe:	$F_{V,Ed}$	=	2003,1 kN

Querschnittswerte I_c der Wandscheiben:

- Wand 1 bzw. 3:

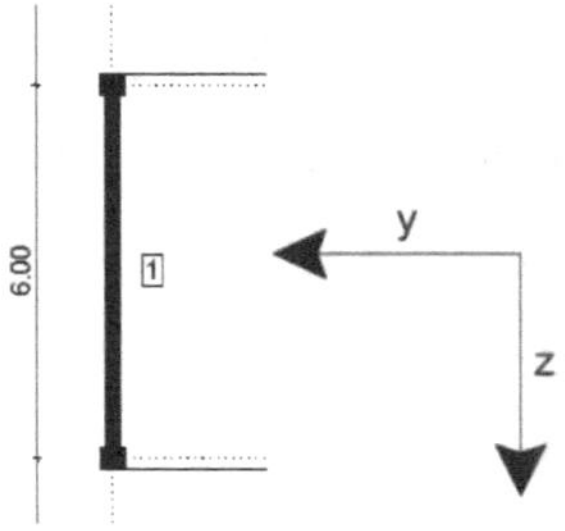

$I_{y,1/3}$ = 1/12 * 0,14 * 5,65³

= 2,1 m⁴

$I_{z,1/3}$ = 1/12 * 0,14³ * 5,65

≈ 0

$I_T \approx 0$

- Wand 2 bzw. 4:

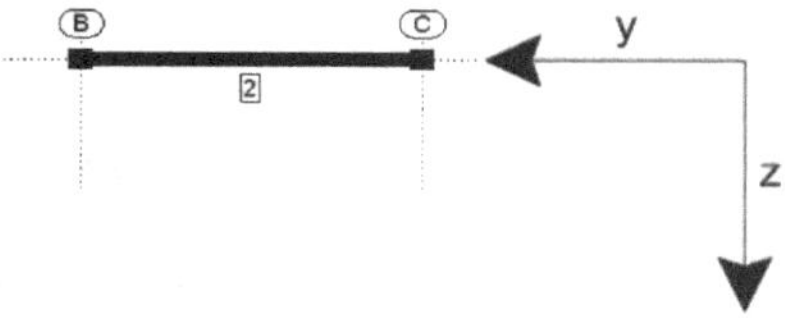

$I_{y,2/4} = 1/12 * 0{,}14^3 * 5{,}65$

≈ 0

$I_{Z,2/4} = 1/12 * 0{,}14 * 5{,}65^3$

$= 2{,}1 \text{ m}^4$

$I_T \approx 0$

2. 4 Nachweis in y-Richtung

$(F_{V,Ed} * L^2) / (\sum E_{cd} * I_{c,z}) \leq K_1 * n_s / (n_s + 1{,}6)$

$(2{,}0031 * 7{,}22^2) / (25833 * 2 * 2{,}1) = 9{,}6 * 10^{-4} < 0{,}238$

→ Nachweis erfüllt.

2. 5 Nachweis in z-Richtung

$(F_{V,Ed} * L^2) / (\sum E_{cd} * I_{c,y}) \leq K_1 * n_s / (n_s + 1{,}6)$

$(2{,}0031 * 7{,}22^2) / (25833 * 2 * 2{,}1) = 9{,}6 * 10^{-4} < 0{,}238$

→ Nachweis erfüllt.

→ Im Bezug auf die Translationssteifigkeit gilt das System als ausgesteift.

3 Nachweis der Rotationssteifigkeit

3. 1 Nachweiskonzept

Da im vorliegenden System keine nennenswerte Torsionssteifigkeit vorhanden ist, weil dievier aussteifenden Wandscheiben nicht miteinander verbunden sind, ergibt sich eine ausreichende Rotationssteifigkeit des System, wenn gilt:

$1 / (1/L * \sqrt{(E_{cd} * I_\omega / (\sum_j F_{V,Ed,j} * r_j^2)})^2 \leq K_1 * n_s / (n_s + 1{,}6)$

mit:

L	Gesamthöhe des Tragwerks
$E_{cd} * I_\omega$	Summe der Nennwölbsteifigkeit
$F_{V,Ed,j}$	Vertikallast der Stütze/ Wand j unter Gebrauchslastniveau

r_j Abstand der Stütze/ Wand j zum Schubmittelpunkt

K_1 $K_1 = 0{,}62$

n_s Anzahl der Geschosse bis zur Einspannung

3. 2 Ermittlung des Grenzwertes

Siehe 2.2 :

$K_1 * n_s / (n_s + 1{,}6) = 0{,}238$

3. 3 Bemessungswerte

Bemessungswert des Elastizitätsmoduls des Betons:

$E_{cd} = 25833$ MN/m² (siehe 2.3)

Einzelne Lastanteile der vertikalen Bauteile auf Gebrauchslastniveau (γ=1,0):

Randstützen mit Binderauflager (Achsen 2 und 3):

$F_{Ed,Rand} = 211{,}83$ kN (siehe Pos.S01, 2.1)

Eck- und Randstützen mit Randträgerauflager (Achse 1 und 4):

$F_{Ed,Eck} = (1{,}86\text{kN/m} + 8{,}9\text{kN/m}) * 5{,}65\text{m} / 2$ (siehe Pos.B02, 2.1)

$+ 0{,}35 * 0{,}4 * 7{,}22 * 25$

$= 55{,}67$ kN

Innenstützen (Achse 2 und 3):

$F_{Ed,Innen} = 110{,}97$ kN (siehe Pos.S02, 2.1)

Wand 2 und 4:

$F_{Ed,Wand2/4} = 142{,}78 + 29{,}75 + 9{,}36$ (siehe Pos.W02, 3.1.4)

$= 181{,}89$ kN

Wand 1 und 3: (Wie Wand 2 und 4 nur ohne Dachlasten)

$F_{Ed,Wand2/4} = 142{,}78$ kN

Ermittlung des Schubmittelpunkts:

Eine genaue Bestimmung des Schubmittelpunkts kann hier entfallen. Aufgrund der Symmetrie des Systems liegt der Schubmittelpunkt in der Mitte des Systems.

Koordinaten des Schubmittelpunkts: (Ursprung des Koordiantensystems in Achse A/4)

→ y_0 = 9 m

z_0 = 9 m

Tabellarische Ermittlung von $\sum_j F_{V,Ed,j} * r_j^2$:

j	Bauteil	y_i	z_i	r_j	$F_{Ed,j}$	$F_{V,Ed,j} * r_j^2$
		[m]	[m]	[m]	[MN]	[MNm²]
1	Wand 1	-9	0	9	0,14278	11,57
2	Wand 2	0	9	9	0,18189	14,73
3	Wand 3	9	0	9	0,14278	11,57
4	Wand 4	0	-9	9	0,18189	14,73
5	Stütze A/1	-9	9	12,73	0,05567	9,02
6	Stütze A/2	-9	3	9,49	0,21183	19,08
7	Stütze A/3	-9	-3	9,49	0,21183	19,08
8	Stütze A/4	-9	-9	12,73	0,05567	9,02
9	Stütze B/1	-3	9	9,49	0,05567	5,01
10	Stütze B/2	-3	3	4,24	0,11097	1,99
11	Stütze B/3	-3	-3	4,24	0,11097	1,99
12	Stütze B/4	-3	-9	9,49	0,05567	5,01
13	Stütze C/1	3	9	9,49	0,05567	5,01
14	Stütze C/2	3	3	4,24	0,11097	1,99
15	Stütze C/3	3	-3	4,24	0,11097	1,99
16	Stütze C/4	3	-9	9,49	0,05567	5,01

17	Stütze D/1	9	9	12,73	0,05567	9,02
18	Stütze D/2	9	3	9,49	0,21183	19,08
19	Stütze D/3	9	-3	9,49	0,21183	19,08
20	Stütze D/4	9	-9	12,73	0,05567	9,02
					Summe:	**193**

Summe der Nennwölbsteifigkeit:

$E_{cd} * I_{\omega} = E_{cd} * \sum(I_{y,i} * y_i^2 + I_{z,i} * z_i^2)$

mit: $I_{\omega} = 4 * 2{,}1 * 9^2$ (siehe 2.3)

$= 680{,}4\ m^6$

$E_{cd} * I_{\omega} = 25833 * 680{,}4$

$= 1{,}8E+07\ MNm^4$

3. 4 Nachweis

$1 / (1/L * \sqrt{}(E_{cd} * I_{\omega} / (\sum_j F_{V,Ed,j} * r_j^2))^2 \leq K_1 * n_s / (n_s + 1{,}6)$

$1 / (1/7{,}22 * \sqrt{}(17576773 / 193)^2 = 5{,}72 * 10^{-4} < 0{,}238$

→ Nachweis erfüllt.

→ Im Bezug auf die Rotationssteifigkeit gilt das System als ausgesteift.

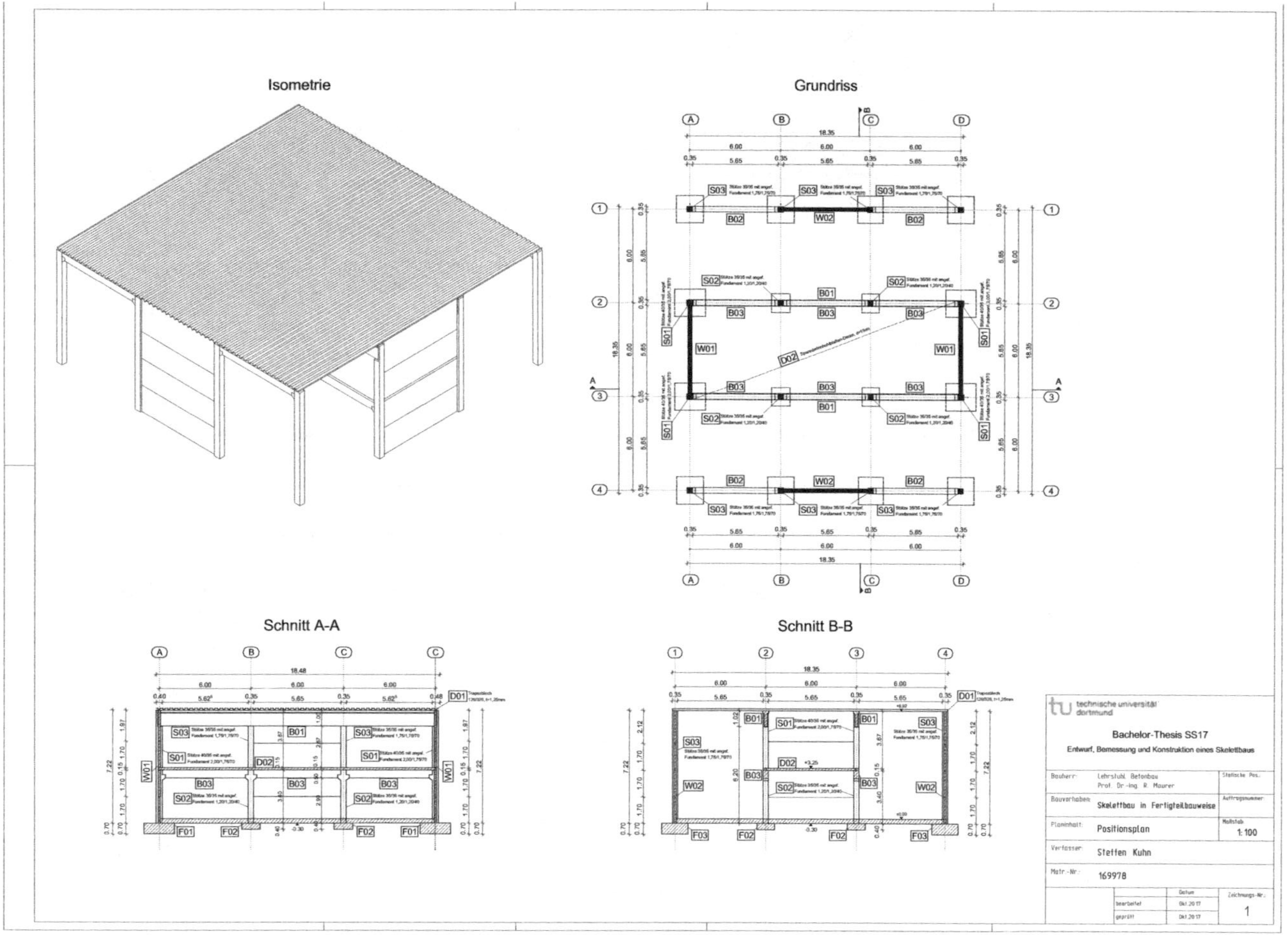

Isometrie
Grundriss
Schnitt A-A
Schnitt B-B
technische universität dortmund
Bachelor-Thesis SS17
Entwurf, Bemessung und Konstruktion eines Skelettbaus
Bauherr: Lehrstuhl Betonbau
Prof. Dr.-Ing. R. Maurer
Statische Pos.:
Bauvorhaben: Skelettbau in Fertigteilbauweise
Auftragsnummer:
Planinhalt: Positionsplan
Maßstab 1:100
Verfasser: Steffen Kuhn
Matr.-Nr.: 169978
Datum
bearbeitet Okt.2017
geprüft Okt.2017
Zeichnungs-Nr.: 1

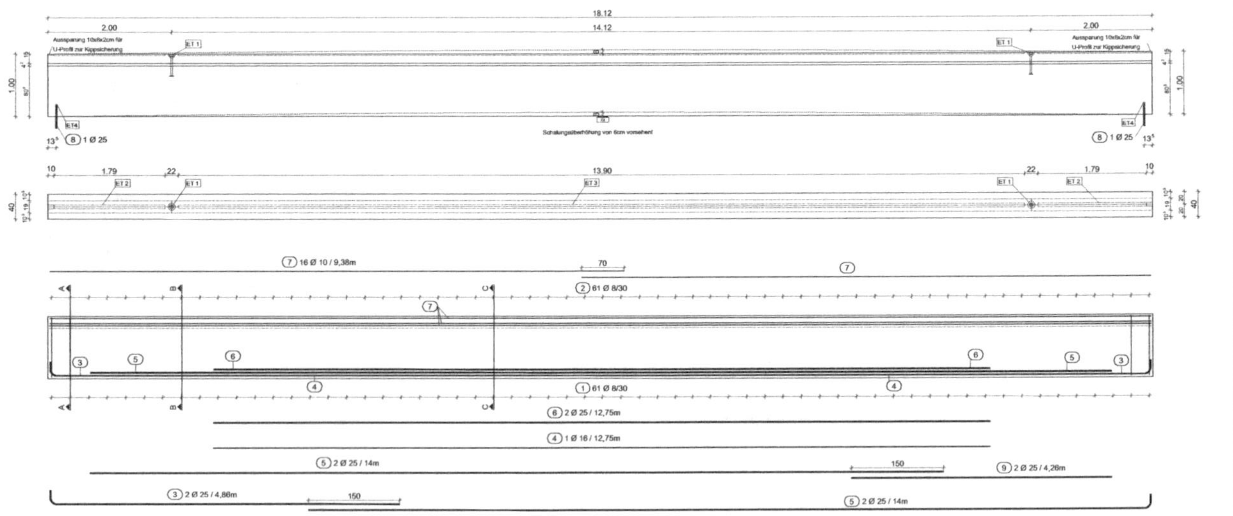

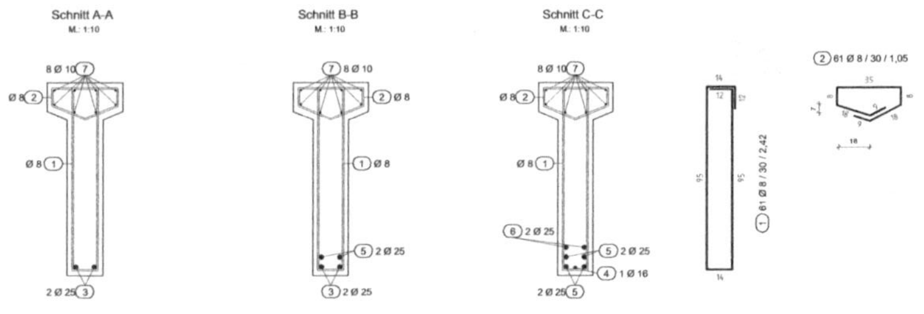

Einbauteil - Liste		
Pos.	Bezeichnung	Stck
ET 1	Kugelkopf-Transportanker, 10t, L=340mm	2
ET 2	HTU-AN2 60/22/3, L=1790mm	2
ET 3	HTU-AN2 60/22/3, L=13900mm	1
ET 4	MÖLLER Dornhülse 27, L=190mm	2

Stabstahl - Liste

Pos.	Anz.	Ø	Länge	Gewicht	Pos.	Anz.	Ø	Länge	Gewicht
1	61	8	2,42	58,25					
2	61	8	1,05	25,27					
3	2	25	4,86	37,45					
4	1	16	12,75	20,12					
5	4	25	14,00	215,79					
6	2	25	12,75	98,26					
7	16	10	9,38	92,53					
8	2	25	0,36	2,77					
9	2	25	4,26	32,83					

Gesamtgewicht 583,27kg

Biegen von Betonstählen nach DIN EN 1992-1-1 (EC 2)

A) Biegungen zur Kraftumleitung (Schrägstäbe oder andere gebogene Stäbe)

B) konstruktive Biegungen (Haken, Winkelhaken, Schlaufen, Bügel)

Betonfestigkeitsklasse C35/45	Volumen 4,09m³
Expositionsklasse XC1	Gewicht 10,23t
Vorhaltemaß ΔCdev= 10mm	
Teilsicherheitsbeiwert γ_c = 1,50	
Verlegemaß der Betondeckung (Bügel) allseitig 2,5cm	

Betonstahlsorte Stabstahl B500B

Fertigteil-oberflächen: Einfüllseite / Schalseiten

technische universität dortmund

Bachelor-Thesis SS17

Entwurf, Bemessung und Konstruktion eines Skelettbaus

Bauherr	Lehrstuhl Betonbau Prof. Dr.-Ing. R. Maurer	Statische Pos. B01
Bauvorhaben	Skelettbau in Fertigteilbauweise	Auftragsnummer
Planinhalt	Binder	Maßstab 1:25, 1:10
Verfasser	Steffen Kuhn	
Matr.-Nr.	169978	

	Datum	Zeichnungs-Nr.
bearbeitet	Okt.2017	2
geprüft	Okt.2017	

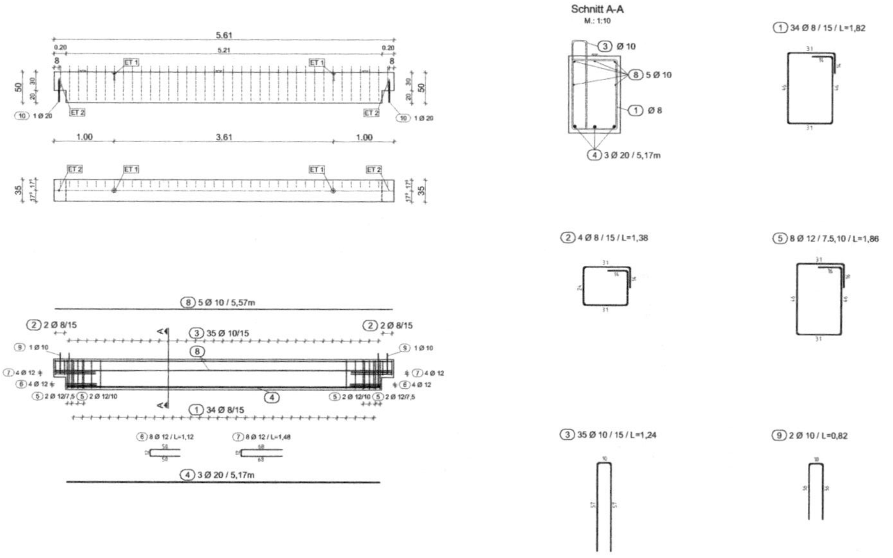

Einbauteil - Liste

Pos.	Bezeichnung	Stck.
ET 1	Kugelkopf-Transportanker 2,5t,l=120mm	2
ET 2	MÜLLER Dornhülse 73mm,l=180mm	2

Stabstahl - Liste

Pos.	Anz.	Ø	Länge	Gewicht	Pos.	Anz.	Ø	Länge	Gewicht
1	34	8	1,82	24,42	9	2	10	0,82	1,01
2	4	8	1,38	2,18	10	2	20	0,35	1,73
3	35	10	1,24	26,76					
4	3	20	5,17	38,25					
5	8	12	1,86	13,21					
6	8	12	1,12	7,95					
7	8	12	1,48	10,51					
8	5	10	5,57	17,17					

Gesamtgewicht: 143,19kg

Biegen von Betonstählen nach DIN EN 1992-1-1 (EC 2)

A) Biegungen zur Kraftumleitung (Schrägstäbe oder andere gebogene Stäbe)

B) konstruktive Biegungen (Haken, Winkelhaken, Schlaufen, Bügel)

Betonfestigkeitsklasse: C25/30	Volumen: 0,97m³	Betonstahlsorte: Stabstahl: B500B
Expositionsklasse: XC 1	Gewicht: 2,42t	
Vorhaltemaß: ΔCdev=10mm		
Teilsicherheitsbeiwert: γ_c = 1,50		
Verlegemaß der Betondeckung(Bügel) allseitig 2cm		

Fertigteil-oberflächen — Einfüllseite / Schalseiten

technische universität dortmund

Bachelor-Thesis SS17

Entwurf, Bemessung und Konstruktion eines Skelettbaus

Bauherr:	Lehrstuhl Betonbau Prof. Dr.-Ing. R. Maurer	Statische Pos. B03
Bauvorhaben:	Skelettbau in Fertigteilbauweise	Auftragsnummer:
Planinhalt:	Deckenabfangbalken	Maßstab: 1:25, 1:10
Verfasser:	Steffen Kuhn	
Matr.-Nr.:	169978	

	Datum	Zeichnungs-Nr.:
bearbeitet	Okt 2017	3
geprüft	Okt 2017	

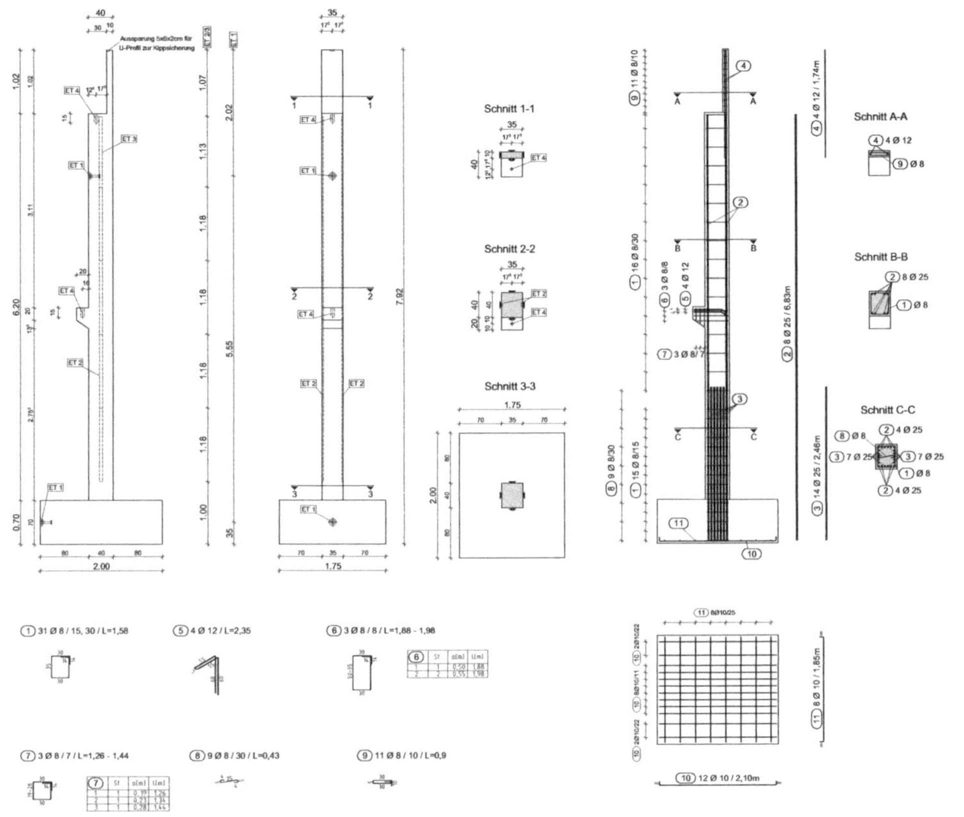

(6)	St	a[m]	L[m]
1	1	0,50	1,88
2	2	0,55	1,98

(7)	St	a[m]	L[m]
1	1	0,19	1,26
2	1	0,23	1,34
3	1	0,28	1,44

Einbauteil - Liste

Pos.	Bezeichnung	Stck.
ET 1	Kugelkopf-Transportanker, 10t, L=170mm	2
ET 2	VS-Leiste 20/250, L=1180mm	4
ET 3	VS-Leiste 20/250, L=1130mm	1
ET 4	Wellhüllrohr 60mm, L=150mm	2

Stabstahl - Liste

Pos.	Anz.	ø	Länge	Gewicht	Pos.	Anz.	ø	Länge	Gewicht
1	31	8	1,58	19,33	7.2	1	8	1,34	0,53
2	8	25	6,83	210,55	7.3	1	8	1,44	0,57
3	14	25	2,46	132,71	8	9	8	0,43	1,53
4	4	12	1,74	6,18	9	11	8	0,9	3,91
5	4	12	2,35	8,35	10	12	10	2,1	15,54
6.1	1	8	1,88	0,74	11	8	10	1,85	9,12
6.2	2	8	1,98	1,56					
7.1	1	8	1,26	0,50					

Gesamtgewicht: 411,12kg

Biegen von Betonstählen nach DIN EN 1992-1-1 (EC 2)

A) Biegungen zur Kraftumlenkung (Schrägstäbe oder andere gebogene Stäbe)

B) konstruktive Biegungen Uhaken, Winkelhaken, Schlaufen, Bügel

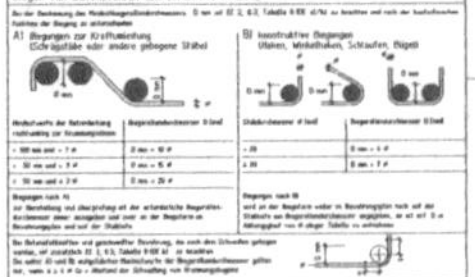

Betonfestigkeitsklasse C30/37	Volumen 3,35m³	Betonstahlsorte Stabstahl B500B
Expositionsklasse: XC1	Gewicht: 8,38t	
Vorhaltemaß ΔCdev=10mm		
Teilsicherheitsbeiwert γ_c = 1,50		
Verlegemaß der Betondeckung (Bügel) allseitig 2,5cm		

Fertigteil-oberflächen: Einfüllseite / Schalseiten

technische universität dortmund

Bachelor-Thesis SS17

Entwurf, Bemessung und Konstruktion eines Skelettbaus

Bauherr:	Lehrstuhl Betonbau, Prof. Dr.-Ing. R. Maurer	Statische Pos.: S01
Bauvorhaben:	Skelettbau in Fertigteilbauweise	Auftragsnummer:
Planinhalt:	Randstütze	Maßstab: 1:25
Verfasser:	Steffen Kuhn	
Matr.-Nr.:	169978	

	Datum	Zeichnungs-Nr.: 4
bearbeitet	Okt.2017	
geprüft	Okt.2017	

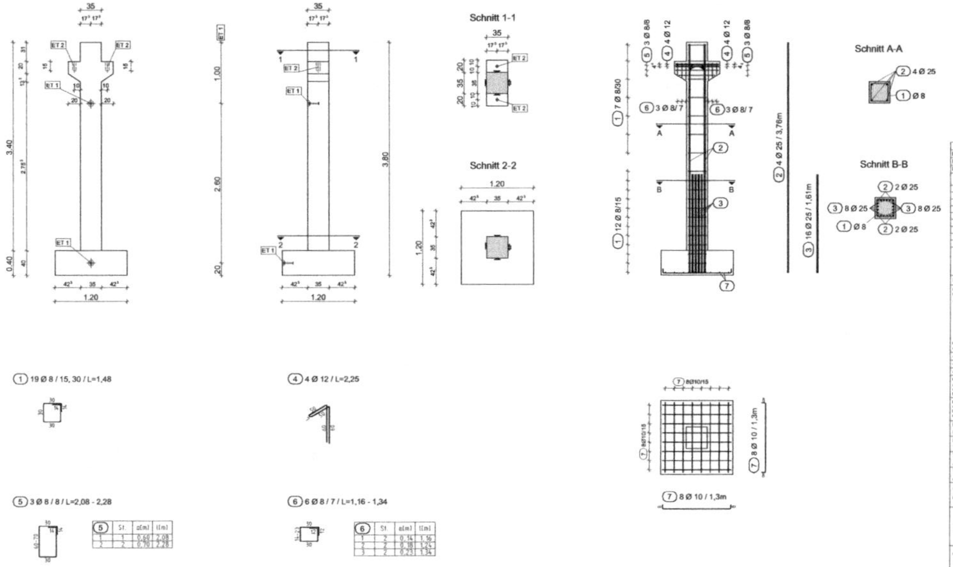

(5)	St.	a[m]	l[m]
1	1	0,60	2,08
2	2	0,70	2,28

(6)	St.	a[m]	l[m]
1	2	0,14	1,16
2	2	0,18	1,24
3	2	0,23	1,34

Einbauteil - Liste

Pos.	Bezeichnung	Stck.
ET1	Kugelkopf-Transportanker 4t,L=170mm	2
ET2	Wellhüllrohr 60mm,L=150mm	2

Stabstahl - Liste

Pos.	Anz.	⌀	Länge	Gewicht	Pos.	Anz.	⌀	Länge	Gewicht
1	19	8	1,48	11,10	6.3	2	8	1,34	1,06
2	4	25	3,76	57,95	7	16	10	1,3	12,82
3	16	25	1,61	99,26					
4	4	12	2,25	7,99					
5.1	1	8	2,08	0,82					
5.2	2	8	2,28	1,80					
6.1	2	8	1,16	0,92					
6.2	2	8	1,24	0,98					

Gesamtgewicht: 194,70kg

Biegen von Betonstählen nach DIN EN 1992-1-1 (EC 2)

A) Biegungen zur Kraftumlenkung (Schrägstäbe oder andere gebogene Stäbe)

B) konstruktive Biegungen (Haken, Winkelhaken, Schlaufen, Bügel)

Betonfestigkeitsklasse: C30/37	Volumen: 1,0 m³
Expositionsklasse: XC1	Gewicht: 2,53t
Vorhaltemaß: Δcdev=10mm	
Teilsicherheitsbeiwert: γ_c = 1,50	

Betonstahlsorte: Stabstahl: B500B

Verlegemaß der Betondeckung(Bügel) allseitig 2,5cm

Fertigteil-oberflächen: Einfüllseite / Schalseiten

technische universität dortmund

Bachelor-Thesis SS17

Entwurf, Bemessung und Konstruktion eines Skelettbaus

Bauherr:	Lehrstuhl Betonbau, Prof. Dr.-Ing. R. Maurer	Statische Pos.: S02
Bauvorhaben:	Skelettbau in Fertigteilbauweise	Auftragsnummer:
Planinhalt:	Innenstütze	Maßstab: 1:25
Verfasser:	Steffen Kuhn	
Matr.-Nr.:	169978	

	Datum	Zeichnungs-Nr.:
bearbeitet	Okt.2017	5
geprüft	Okt.2017	

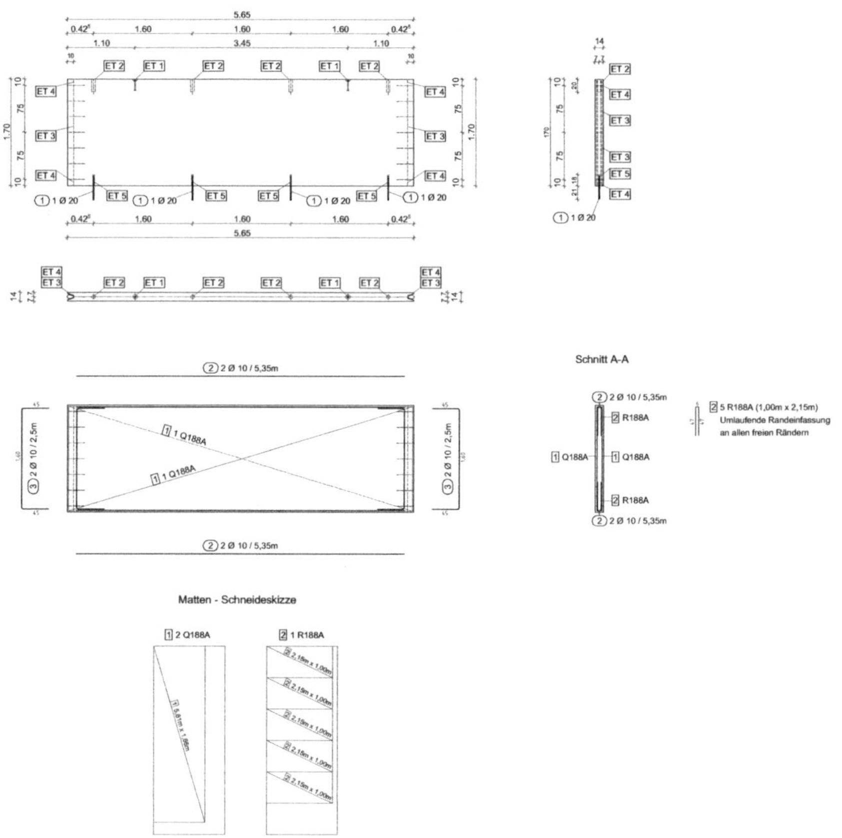

Einbauteil - Liste		
Pos.	Bezeichnung	Stck.
ET 1	Kugelkopf-Transportanker 2,5t,L=170mm	2
ET 2	Wellhüllrohr 60mm,L=200mm	4
ET 3	VS-Schiene 100/250,L=750mm	2
ET 4	VS-Schiene 100/00,L=100mm	2
ET 5	MÜLLER Dornhülse 23mm,L=180mm	4

Stabstahl - Liste

Pos.	Anz.	ø	Länge	Gewicht	Pos.	Anz.	ø	Länge	Gewicht
1	4	20	0,39	3,85					
2	4	10	5,35	13,19					
3	4	10	2,50	6,17					

Mattenstahl - Liste

Pos.	Anz.	Typ	Länge	Breite	Gewicht
1	2	Q188A	5,61	1,66	56,25
2	5	R188A	2,15	1,00	26,12

Gesamtgewicht: 105,58kg

Biegen von Betonstählen nach DIN EN 1992-1-1 (EC 2)

Betonfestigkeitsklasse: C25/30	Volumen: 1,34m³	Betonstahlsorte: Stabstahl: B500A
Expositionsklasse: XC1	Gewicht: 3,361	
Vorhaltemaß: ΔCdev= 10mm		
Teilsicherheitsbeiwert: γc = 1,50		
Verlegemaß der Betondeckung (Matten) allseitig 2cm		

Fertigteil-oberflächen

technische universität dortmund

Bachelor-Thesis SS17

Entwurf, Bemessung und Konstruktion eines Skelettbaus

Bauherr:	Lehrstuhl Betonbau Prof. Dr.-Ing. R. Maurer	Statische Pos.: W01
Bauvorhaben:	Skelettbau in Fertigteilbauweise	Auftragsnummer:
Planinhalt:	Wandscheibe	Maßstab: 1:25
Verfasser:	Steffen Kuhn	
Matr.-Nr.:	169978	

	Datum	Zeichnungs-Nr.:
bearbeitet	Okt 2017	6
geprüft	Okt 2017	

FSC
www.fsc.org
MIX
Papier | Fördert gute Waldnutzung
FSC® C083411

Kolibri 360 GmbH
Ferdinand-Jühlke-Straße 7
99095 Erfurt, Deutschland
produktsicherheit@kolibri360.de

Druck:
CPI Druckdienstleistungen GmbH
im Auftrag der
Kolibri 360 GmbH
Ferdinand-Jühlke-Str. 7
99095 Erfurt